实用中药材栽培技术

王渭玲　盛晋华　王良信　编著

·北京·

图书在版编目（CIP）数据

实用中药材栽培技术 / 王渭玲，盛晋华，王良信编著 —北京：科学技术文献出版社，2017.7

ISBN 978-7-5189-2552-0

Ⅰ. ①实…　Ⅱ. ①王…　②盛…　③王…　Ⅲ. ①药用植物—栽培技术　Ⅳ. ① S567

中国版本图书馆 CIP 数据核字（2017）第 073757 号

实用中药材栽培技术

策划编辑：张丽艳　　责任编辑：王瑞瑞　　责任校对：张吲哚　　责任出版：张志平

出 版 者　科学技术文献出版社
地　　址　北京市复兴路15号　　邮编 100038
编 务 部　(010) 58882938，58882087（传真）
发 行 部　(010) 58882868，58882874（传真）
邮 购 部　(010) 58882873
官方网址　www.stdp.com.cn
发 行 者　科学技术文献出版社发行　全国各地新华书店经销
印 刷 者　北京京师印务有限公司
版　　次　2017 年 7 月第 1 版　2017 年 7 月第 1 次印刷
开　　本　710 × 1000　1/16
字　　数　147千
印　　张　9.5
书　　号　ISBN 978-7-5189-2552-0
定　　价　26.80元

前 言

随着我国农村种植结构、产业结构调整，市场经济不断发展，以市场为导向进行农业多样化栽培已成为农业发展的一个重要趋势。

目前，中药材种植已成为我国农村经济发展新的增长点，受到各地政府部门的高度重视，在全国各地迅速发展和推广。

中药材既是我国传统中医用药，也是药品生产的重要原料，加上世界上近几年天然药物的大量开发，国际上对中药材的需求量也在逐年增加，特别是我国已经加入了“世界贸易组织”（WTO），中药材将有更加广阔的出口前景。

为了能够提高读者的栽培理论水平，同时更好地提高栽培技术，使中药材栽培规范化，并能从栽培理论和具体药材的生产操作规程（SOP）上指导药农和药材基地人员，本书加强了有关中药材生长习性和生长结构知识的介绍。

当前我国中药材种植尚未规范化、标准化，还没有像农作物那样有生产较好的品种和专门生产种子的公司或种植场，药农大多数是从产地或某些推销商那里购得种子、种苗。由于没有质量监督保证，药农购买的种子、种苗往往得不到质量保证。产区甚至有个别人将种子炒过后再出售，以达到他们独霸市场的目的，因此购买种子时要慎重，一定要亲自做发芽率试验，确定发芽率合格再购买。

目前我国中药材栽培技术还很不成熟，比起农业生产技术还有很大差距，许多问题还没有完全解决，如品种、栽培管理技术、良种繁育等，都

需要认真研究，这里除了要由研究单位或有关大专院校进行研究外，还要依靠广大药农从实践经验中进行总结。建议栽培者在种植过程中，搞好田间观察，认真记录，及时总结栽培管理经验，逐步建立起自己的种子基地。要争取得到药用植物栽培专家的支持和帮助，以使自己种植中药材的产量和质量逐年提高。

本书封面用图由吉首大学张代贵老师、田向荣博士提供，在此深表感谢。

目 录

第一章 黄 芪……1
第一节 概 述……1
一、形态特征……2
二、资源分布……4
三、化学成分和功效……5
四、市场需求和栽培经济效益……7
第二节 黄芪的生长习性和生长结构……8
一、生长发育……8
二、物候期……12
三、生态条件对药材质量的影响……16
第三节 黄芪的生物学特性……17
一、对气候条件的要求……17
二、对土壤条件的要求……18
三、对肥分的要求……18
四、生长发育特性……18
第四节 黄芪栽培技术……19
一、选地和整地……19
二、播种……20
三、田间管理……24

四、采收……26

五、产地加工……27

六、包装、贮藏和运输……27

第五节 黄芪病虫害防治……28

一、病害及其防治……28

二、虫害及其防治……31

三、植物性农药的使用……33

第六节 黄芪商品和加工炮制……35

一、商品种类和规格……35

二、伪品及其鉴别……38

三、加工炮制……39

第七节 黄芪生产操作规程的制定……40

第二章 黄 芩……46

第一节 概 述……46

一、形态特征……46

二、资源分布……48

三、化学成分和功效……48

四、市场需求和栽培经济效益……49

第二节 黄芩生长习性和生长结构……50

一、生长发育……50

二、物候期……52

三、生态条件对药材质量的影响……53

第三节 黄芩生物学特性……54

一、对气候条件要求……54

二、对土壤条件要求……55
三、对肥分要求……55
第四节 黄芩栽培技术……56
一、选地和整地……56
二、繁殖方法……56
三、田间管理……58
四、采收和产地加工……59
五、包装、贮藏和运输……59
第五节 黄芩病虫害的防治……60
一、病害及其防治……60
二、虫害及其防治……61
第六节 黄芩商品和加工炮制……61
一、药材性状特征……61
二、商品种类和规格……62
第七节 黄芩生产操作规程的制定……63
第三章 党 参……64
第一节 概 述……64
一、形态特征……64
二、资源分布……65
三、化学成分和功效……66
四、市场需求和栽培经济效益……68
第二节 党参生长习性和生长结构……69
一、生长发育……69
二、物候期……70

第三节 党参生物学特性……71
一、对土壤条件要求……71
二、对温度条件要求……71
三、对水分条件要求……71
四、对光照条件要求……71
第四节 党参栽培技术……72
一、选地和整地……72
二、播种和育苗……72
三、田间管理……73
四、采收……75
五、产地加工……75
六、包装、贮藏和运输……75
第五节 党参病虫害防治……76
一、病害及其防治……76
二、虫害及其防治……76
第六节 党参商品种类……77
一、药材性状特征……77
二、党参等级标准……78
第七节 党参生产操作规程的制定……78
一、选地、整地、施肥……78
二、移栽……78
三、田间管理……79
四、病虫害防治……79
五、采挖……80
六、分级……80
七、产地初加工……80

八、贮藏……81

第四章 桔 梗……82

第一节 概 述……82

一、形态特征……82

二、资源分布……83

三、化学成分和功效……83

四、市场需求和栽培经济效益……85

第二节 桔梗生长习性和生长结构……85

一、生长发育……85

二、物候期……87

第三节 桔梗生物学特性……87

一、对土壤条件要求……87

二、对温度条件要求……88

三、对水分条件要求……88

四、对光照条件要求……88

第四节 桔梗栽培技术……88

一、选地和整地……88

二、播种和育苗……89

三、田间管理……89

四、收获……91

五、产地加工……91

六、包装、贮藏和运输……91

第五节 桔梗病虫害防治……92

一、病害及其防治……92

二、虫害及其防治……94

第六节 桔梗商品和加工炮制……95

一、商品种类和规格……95

二、伪品及其鉴别……96

三、加工炮制……97

第七节 桔梗生产操作规程的制定……97

第五章 防 风……98

第一节 概 述……98

一、形态特征……99

二、资源分布……100

三、化学成分和功效……101

四、市场需求和栽培经济效益……102

第二节 防风的生长习性和生长结构……102

一、生长发育……102

二、生长结构……103

第三节 防风生物学特性……105

一、对土壤条件要求……105

二、对温度条件要求……105

三、对水分条件要求……105

第四节 防风栽培技术……106

一、选地和整地……106

二、播种和育苗……106

三、田间管理……107

四、采收……109

五、产地加工……109
六、包装、贮藏和运输……110
第五节 防风病虫害的防治……110
一、病害及其防治……110
二、虫害及其防治……111
第六节 防风商品和加工炮制……112
一、商品种类和规格……112
二、习用品及其鉴别……112
第七节 防风生产操作规程的制定……114
第六章 甘 草……120
第一节 概 述……120
一、形态特征……120
二、资源分布……122
三、化学成分和功效……123
四、市场需求和栽培经济效益……123
第二节 甘草生长习性和生长结构……124
一、生长发育……124
二、物候期……125
第三节 甘草生物学特性……127
一、对土壤条件要求……127
二、对温度条件要求……127
三、对水分条件要求……127
四、对光照条件要求……127

第四节　甘草栽培技术 …… 128
一、选地和整地 …… 128
二、播种和育苗 …… 129
三、田间管理 …… 131
四、采收 …… 132
五、产地加工 …… 132
六、包装、贮藏和运输 …… 133
第五节　甘草病虫害防治 …… 133
一、 病害及其防治 …… 133
二、虫害及其防治 …… 134
第六节　甘草商品种类 …… 135
一、药材性状特征 …… 135
二、甘草等级标准 …… 136
三、商品种类 …… 136
第七节　甘草生产操作规程的制定 …… 137
参考文献 …… 138

第一章 黄芪

第一节 概 述

黄芪又写为黄耆，始载于《神农本草经》，明代药物学家李时珍在他的《本草纲目》一书中这样解释黄芪的名称："耆长也，黄耆色黄，为补药之长，故名。"今俗称黄芪。为常用中药，通常以干燥根做药用，性微温，味甘。有补气固表、利尿、托毒排脓、生肌等功效。用于气短心悸、乏力、虚脱、自汗、盗汗、体虚浮肿、慢性肾炎、久泻脱肛、子宫脱垂、痈疽难溃及疮口久不愈合。

现代医学研究表明，黄芪具有提高免疫、抗衰老、抗应激、抗心肌缺血、抗肾炎、抗肝炎、抗胃溃疡、抗骨质疏松、中枢镇静、镇痛、促智及治疗高血压、糖尿病等作用。黄芪还用于治疗消化道肿瘤、肝癌、肺癌、妇科肿瘤等各种肿瘤有气虚表现者。由于黄芪药性温和，被称之为"补气固表之圣药"，已经广泛应用于临床配方中。中医有"十方九黄芪"之称，因此需求量大，有很好的栽培前景。

近年来，对黄芪的研究主要集中于有效成分的药理作用和生物技术培养方面，对黄芪栽培技术的研究也比较多，但有关黄芪遗传多样性、品种选育、品质控制、需水需肥规律、病虫害防治、无公害栽培、科学采收加工、标准化操作规程等方面的研究还有待进一步加强。

《中华人民共和国药典》2015 年版（一部）规定有两种黄芪属植物的根可作为黄芪：膜荚黄芪（*Astragalus membranaceus*（Fishi.）Bunge）和蒙古黄芪（*Astragalus membranaceus* var.*mongholicus*（Bunge）P.K.Hsiao），如图 1.1 所示。前者习惯上被称为东北黄芪，后者习惯上被称为蒙古黄芪，两者均为豆科多年生草本植物，目前这两种黄芪被广为栽培。但在商品上还有其他 5 种野生黄芪属植物在各地被作为黄芪用，它们是：扁茎黄芪、金翼黄芪、塘古特黄芪、梭果黄芪、多花黄芪。

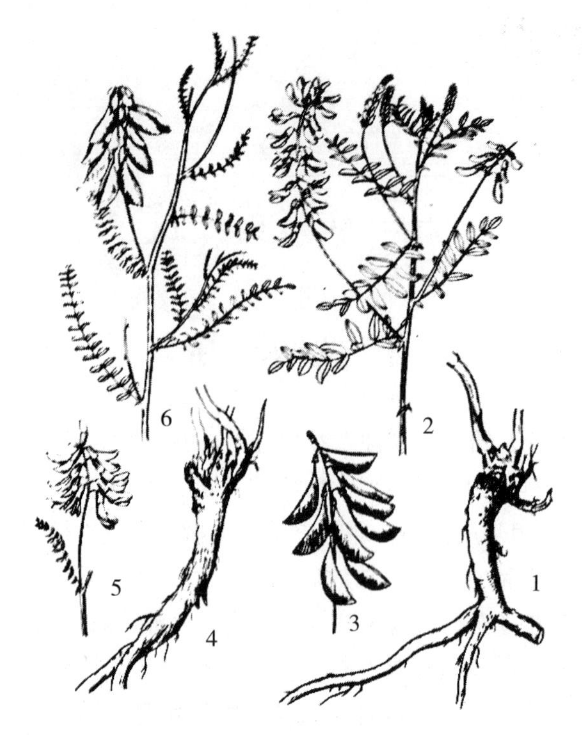

图 1.1 黄芪原植物

膜荚黄芪（1. 根 2. 花枝 3. 果枝）；蒙古黄芪（4. 根 5. 花枝 6. 果枝）

一、形态特征

1. 蒙古黄芪

蒙古黄芪为多年生草本植物，又称白皮芪（陕西）、混其日（蒙药音译）。

栽培的蒙古黄芪一年生植株高仅为 20 ～ 40 厘米，有时呈匍匐状，以后逐年增高，但最高也只能达到 1 米。

野生蒙古黄芪高可达 1.5 米。根明显细长，粗壮，很少分枝，为鞭杆型，一般称其为鞭杆黄芪，长 40 ～ 60 厘米，最长可达 1.5 ～ 2.0 米，粗 1 ～ 2 厘米；外皮淡褐色，内部黄白色。

茎直立，具细棱，分枝较少，上面散生白色伏毛。叶为奇数羽状复叶，互生，长 3 ～ 8 厘米，为 12 ～ 18 对，托叶离生，三角状卵形，带急尖，长 3 ～ 7 毫米，背面微具白色毛；小叶广椭圆形，长圆状卵形或长圆状卵圆形，长 6 ～ 10 毫米，宽 3 ～ 7 毫米，稍增厚，基部圆形，先端圆或钝头，表面无毛，背面多少有白色伏毛，茎下部光滑，无鳞片状叶。

花为总状花序，生于茎顶或腋生，总花梗坚实直立，花序疏松，长 4 ～ 7 厘米，散生白色短伏毛，果期时可达 8 ～ 10 厘米，具 10 ～ 15 朵花；花梗长 2 ～ 3 毫米，具黑色短毛；花萼钟形，极偏斜，基部囊状，伏生极短的黑毛；蝶形花冠。

果实为荚果，下垂，有长柄，果实近半圆状卵圆形，具短尖，长 16 ～ 30 毫米，甚扁，成熟时渐膨大，薄膜质，果实光滑无毛，有显著的网纹，1 室，内含种子 6 ～ 8 粒。种子扁肾形，两面微凹，长 2.5 ～ 3.0 毫米，宽 2.0 ～ 2.5 毫米，厚不足 1 毫米，表面光滑，黑褐色。种脐圆形，白色。种脊色略暗。种皮薄，其下有一薄层胚乳，子叶与胚之间有一层胚乳相隔。两片子叶肥厚，胚根略弯曲，其长度与子叶近相等。

花期为 6—7 月，果实成熟期为 7—8 月。

2. 膜荚黄芪

膜荚黄芪（图 1.2）为多年生草本植物，又称山爆仗（山东）、箭秆花（陕甘宁地区）。

植株高 80 ～ 150 厘米，最高可达 2 米。主根粗大深长，圆柱形，常有分枝，稍木质化，外皮淡褐色，内部黄白色，长可达 0.3 ～ 1.0 米，粗为 1 ～ 3 厘米。

茎直立，有槽，上部多分枝。茎有毛或光滑，颜色有绿色和红色 2 种，因此有 4 种类型：绿茎光滑、绿茎有毛、红茎光滑、红茎有毛。

叶为奇数羽状复叶，互生，长 3.5 ～ 12.0 厘米，小叶 6 ～ 13 对，托叶离生，长 4 ～ 15 毫米，卵形、披针形至披针状线形，茎上部的托叶较狭，无毛或有白色缘毛，叶轴上多少密生白色毛。小叶椭圆形或长卵圆形，全缘，长 0.7 ～ 3.0 厘米，宽 0.4 ～ 1.5 厘米。基部圆形、先端钝圆形或稍微凹，具小刺尖或不明显，表面无毛或稍有毛，背面伏生稀疏的白毛，茎下部有鳞片状叶，叶长三角形，绿白色。

花为总状花序，腋生或顶生，总花梗比叶稍长或近等长，至果期显著伸长，近无毛或伏生较密的白毛，或黑色毛及白色毛混在一起。花序长 2.5 ～ 6.0 厘米，较稀疏，具 10 ～ 20 朵花；花梗与苞片近等长，长 2 ～ 4 毫米，生有白色或黑色细毛；花萼钟形，长 4 ～ 7 毫米，具黑色细毛，有时为白毛；花冠淡黄色，蝶

形花冠。

果实为荚果，下垂，有长柄，果幼时半圆形或半广椭圆形，扁平，以后荚果逐渐膨大，近似膀胱形，薄膜质，因此称为膜荚黄芪。荚果上有短粗毛，幼时白色，荚果成熟时黑色，荚果长 2.0 ～ 3.5 厘米，直径 0.9 ～ 12.0 厘米，具细短喙，子房 1 室，内有种子 3 ～ 8 枚。种子扁肾形，两面微凹，长 2.5 ～ 3.5 毫米，宽 2.5 ～ 3.5 毫米。表面光滑，黑褐色。种脐圆形，灰白色。种脊不明显。种皮薄，其下有一薄层胚乳，与种皮不易分离，在子叶与胚根之间有一层胚乳相隔。胚淡黄色，两片子叶肥厚，胚根较直，长度约为子叶长度的 2/3。

花期为 7—8 月，果实成熟期为 8—10 月。

图 1.2　膜荚黄芪

二、资源分布

历史上商品黄芪以野生黄芪为主，我国野生黄芪资源的分布由于大量采挖的影响而形成一个历史演变的过程。

据历史记载，我国南北朝时黄芪主产地在甘肃、陕西和四川一带。到了唐朝，四川黄芪已逐渐减少，主产区转移到甘肃、陕西。到了宋朝，黄芪主产区转移到山西和陕西。到了清朝，黄芪主产区除了山西以外，其他地区已经很少有野生的了。到了民国时代，山西和内蒙古的野生黄芪被大量采挖，资源大量减少。近几年来，野生黄芪主产区又转移到黑龙江。据有关资料记载，黑龙江野生黄芪最高年收购量可达30万～40万公斤[①]，但黑龙江野生黄芪资源也在逐渐减少，仅大兴安岭地区尚有可观的野生黄芪资源。

膜荚黄芪主要分布在我国黑龙江、吉林、辽宁、内蒙古、河北、山东、山西、陕西、宁夏、甘肃、青海、新疆、四川、云南等省区；蒙古、朝鲜、俄罗斯（西伯利亚地区和远东地区）也有分布。但目前许多省区野生黄芪资源日渐减少，能形成商品生产的主要是黑龙江、吉林、内蒙古、甘肃、宁夏等省区。

野生膜荚黄芪由于产地不同分为卜奎芪、宁古塔芪、三姓芪和正口芪。卜奎芪因原产于黑龙江省齐齐哈尔地区（齐齐哈尔旧称卜奎）而得名，主要产地在大兴安岭地区、嫩江、爱辉、孙吴等县和内蒙古莫力达瓦旗及达斡尔旗。宁古塔芪因原产于黑龙江省宁安市（宁安市旧称宁古塔）而得名，主要产于黑龙江省宁安、林口、穆棱和海林等县。三姓芪主产于黑龙江省依兰县（古称三姓），故称依兰县黄芪为三姓芪。正口芪主要分布于河北省张家口一带。

目前栽培的膜荚黄芪主要分布在黑龙江、吉林、辽宁、河北、山东、江苏等省，药农习惯称其为“硬苗黄芪”。

蒙古黄芪主要分布于内蒙古、山西、河北、吉林等省区，蒙古和俄罗斯（西伯利亚地区）也有分布。但目前野生资源已近枯竭，很少能找到成片的野生蒙古黄芪。

现在市场上均是栽培的蒙古黄芪，药农习惯称其为“软苗黄芪”，山西药材界称其为“绵黄芪”。主要栽培省份有：内蒙古自治区的包头、固阳、武川、卓资；山西省的浑源、繁峙、应县、代县、广灵；黑龙江省的林口、东宁、桦南、汤原等，因产地不同而有浑源芪、武川芪、壮芪、大岚芪等名称。

三、化学成分和功效

1. 化学成分

黄芪中主要含有三萜皂苷、黄酮类化合物、多糖及微量元素和氨基酸等多种有效成分。正品黄芪（膜荚黄芪及蒙古黄芪）三萜皂苷中以黄芪苷Ⅰ（也称黄芪甲苷）及黄芪苷Ⅱ为主要成分，特别是黄芪甲苷常被用作质量控制的主要指标。

① 1公斤=1千克，为方便读者阅读，本书采用“公斤”作为计量单位。

黄芪根中含有多糖，由两种多糖组成：黄芪多糖 1 和黄芪多糖 2，其含量可达 2.75%，此外还含有蔗糖和葡萄糖醛酸。根中还含有皂苷（过去称皂甙），目前已分离出 8 种皂苷、胡萝卜苷、大豆皂苷等，其中黄芪甲苷已作为黄芪的质量标准，收载在《中华人民共和国药典》中，作为对黄芪的鉴别特征和含量测定的标准，药典规定不得少于 0.7%。除此以外，还含有熊竹素、谷甾醇、芒柄花黄素、香豆素（含 0.18% ～ 0.20%）、胆碱、甜菜碱、多种异黄酮、羽扇豆醇、棕榈酸、亚麻酸、亚油酸、尼古酰胺、尼古酸、泛酸、微量叶酸。

黄芪中还含有多种氨基酸，其中 α- 氨基丁酸含量为 0.024% ～ 0.036%。尚有精氨酸、脯氨酸、甘氨酸、丙氨酸、缬氨酸、亮氨酸、异亮氨酸、天门冬氨酸等。

黄芪根中还含有多种微量元素，其中，钙、镁、铁、铝等元素含量较高，具有生物活性的硒含量也较高。

近年来人们对黄芪茎叶的化学成分也进行了研究，其中含有酚性成分、生物碱、多糖、苷类、黄酮类、内酯类、香豆素、氨基酸、水溶性色素、叶绿素等。其中，黄酮类含量为 4.20%，总皂苷含量为 1.56%。氨基酸含量较高的有：天门冬氨酸为 0.05%、苏氨酸为 0.28%、丝氨酸为 0.02%、谷氨酸为 0.05%、脯氨酸为 0.09%、丙氨酸为 0.04%、胱氨酸为 0.02%、缬氨酸为 0.04%、异亮氨酸为 0.02%、亮氨酸为 0.03%、组氨酸为 0.08%、赖氨酸为 0.02%。

2. 药理作用

（1）利尿作用

黄芪有中等利尿作用，可增强尿和氯化物的排出。

（2）降压作用

黄芪的降血压作用，已被国内外学者研究证实，黄芪根浸出液可使血压下降，这是因为黄芪可以降低脑血管及冠状动脉和肠血管阻力的缘故。

（3）强心作用

黄芪对正常心脏有加强收缩作用，尤其对疲劳而衰竭的心脏其强心作用更为明显。

（4）抗衰老作用

试验证明，黄芪可以提高机体抗氧化酶和抗氧化剂的活力，降低血脂褐质的含量而显示抗衰老作用。

（5）提高和促进机体免疫功能

近年来发现，黄芪有明显的免疫促进活性。从黄芪中分离的黄芪多糖更有明显的免疫作用。

（6）抗疲劳作用

黄芪制剂有明显的抗疲劳作用，试验证明，黄芪可使细胞生长旺盛，从而可延长细胞的自然衰老过程。

（7）对肾炎有明显的作用

中医在临床应用中，常大量应用黄芪治疗肾炎，这是因为其可消除尿蛋白，从而对治疗肾炎有明显的作用。

3. 治疗作用

由于黄芪有补气固表、托毒生肌、利尿等作用，因此在中医中被广泛应用于治疗气虚乏力、久泻脱肛、自汗、水肿、子宫脱垂、慢性肾炎、糖尿病、疮口久不愈合等症。目前还制成黄芪注射液等广泛应用于临床。

四、市场需求和栽培经济效益

黄芪是我国中医常用的中药材，目前以黄芪作为原料生产的中成药约有250种，特别是近10年来，以黄芪为主要原料的新药和保健食品又增加了许多，因而国内对黄芪药材的需求量一直很大。近年来，由于天然药物的兴盛，国外对植物药的开发，对我国中药材的需求也不断增加，黄芪也是重要的出口药材之一，因此栽培黄芪有广阔的前景。

但在这里需要向读者提出的是，在计划种植黄芪时，应根据市场需求，来确定自己的种植面积，切不可不考虑市场情况盲目扩大种植面积，最好在栽培种植前与有关药厂或药材公司签订合同，以保证销路。

栽培黄芪由于不需要施入化学肥料、田间管理不需要投入大量资金，因此在市场价格稳定的情况下，经济效益还是很可观的。以2000年为例，每公斤黄芪售价在15～20元。按每亩[①]收获150～250公斤计算，每亩黄芪药材可售2250～5000元。每亩可收种子（按栽培3年计算）25～50公斤，每公斤黄芪种子售价为60～120元，每亩可获利1500～6000元。当然每年的实际收入还

① 1亩=666.67平方米，为方便读者阅读，本书采用“亩”作为计量单位。

应扣除种子、肥料及管理费用，同时每年的实际收入也会因市场价格的变化而有所不同。例如，1999 年由于全国黄芪种植面积过大，供大于求，当年黄芪药材收购价每公斤干品仅为 1.5 元。因此，作者再一次强调，一定要以市场需求为导向，来确定自己的种植面积。

第二节　黄芪的生长习性和生长结构

一、生长发育

1. 种子萌发特性

黄芪种子（图 1.3）为硬实性种子，所谓硬实性是指其种皮透水性差，即使在适宜的温度和湿度条件下，也不能吸水膨胀，这主要是由于黄芪种皮构造比较特殊，在种皮上有一层特殊的细胞层，它们排列特别紧密，外层增厚，且含有一种果胶类物质，这种物质在不良环境条件下，会迅速脱水而失去吸水膨胀能力。此外，黄芪种子种脐很小，种孔在种脐内部深藏，也影响了其吸水能力。在栽培时，应采取必要的措施，打破其硬实性。

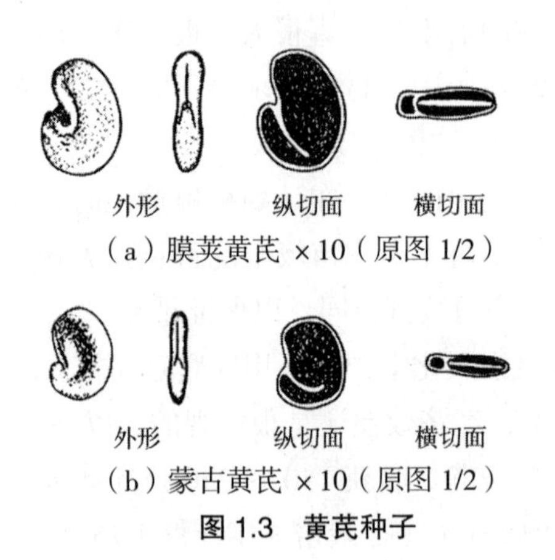

（a）膜荚黄芪 ×10（原图 1/2）

（b）蒙古黄芪 ×10（原图 1/2）

图 1.3　黄芪种子

黄芪种子发芽率随着种子的保存期延长而减小。经试验研究，膜荚黄芪种子保存至第二年春季发芽率为 100%，保存 2 年为 85% ～ 90%，保存 3 年为

60% ～ 70%，保存 4 年为 10% ～ 15%。作者曾对保存 10 年的膜荚黄芪种子和蒙古黄芪种子的发芽率进行过测定，其发芽率仅为 1% ～ 5%，且播种后当年不发芽，要在土壤中停留 1 年后才发芽生长。

种子播入土壤中后，在土壤温度为 5 ～ 8℃时就能发芽。当土壤温度达到 20℃时发芽最快，一般需 3 ～ 4 天，土壤水分以 18% ～ 24% 对出苗最为有利。

种子萌发后，子叶自种皮伸出，长出土壤，种皮留在土中，长出的子叶对生，开展，为椭圆形至阔卵形，宽 0.5 ～ 0.7 厘米，长 0.8 ～ 10.0 毫米，由黄绿色逐渐变为绿色，待有 3 ～ 4 枚真叶长出后，子叶逐渐枯萎。

2. 根的生长

蒙古黄芪和膜荚黄芪根的形态有明显的区别，很容易区分。

一年生蒙古黄芪根呈圆柱形。上下粗细无明显区别，且无二级分枝，为明显的鞭杆型，当年可长至 30 ～ 35 厘米，但较细，茎基部直径为 0.2 ～ 0.3 厘米，根表面淡黄色，有纵皱纹和横的皮孔，质地柔韧，不宜折断。而一年生膜荚黄芪根呈圆锥形，上粗下细，一般也没有二级侧根。当年可长至 25 ～ 30 厘米，茎基部直径可达 1 厘米，根为黄褐色或黑褐色。根头部横断面两者也不相同，膜荚黄芪皮部白色，木部黄色；蒙古黄芪皮部黄白色，木部略呈黄色，界面不明显。根中下部横断面，两者皮部均呈白色，木部黄色，菊花心明显。

二年生蒙古黄芪，根头部膨大，表面呈灰褐色，根可长至 61 厘米，木部比例加大，韧性强，粉性足，根也长粗。在内蒙古和山西栽培的蒙古黄芪根颜色较浅，但直径较大，最粗可达 1.0 ～ 1.5 厘米。在黑龙江栽培的蒙古黄芪，由于在黑土中生长，根的颜色为褐色或暗褐色，根的直径一般较在内蒙古和山西栽培的细，直径为 0.5 ～ 1.0 厘米，木部纤维多，柴性大，干后易折断，粉性差。

二年生膜荚黄芪根的形态会因不同土壤类型而发生变化，作者通过大量调查和分析，发现膜荚黄芪二年生根系有 4 种形态类型，如图 1.4 所示。

①鞭杆型（鞭杆芪），主根长度超过 30 厘米，侧根很少，且不发达，分枝部位低于根颈 10 厘米，且很细弱。

②直根型，主根长度超过 30 厘米，但侧根发达，长而明显，成为典型的直根系。

③二叉型，主根短于 5 厘米，但有两条大小相近的侧根，每根长度均超过 20 厘米，无明显次级侧根。

④鸡爪型（鸡爪芪），主根短于5厘米，明显肥大，侧根短而粗，呈鸡爪状。

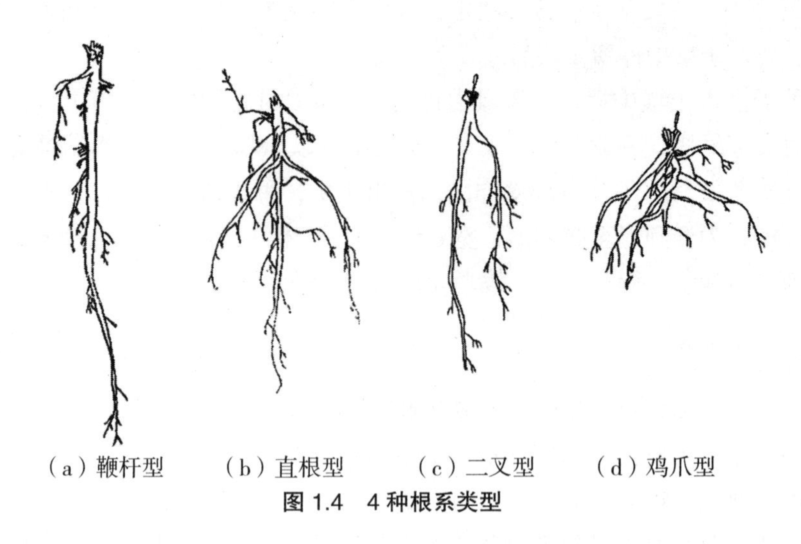
（a）鞭杆型　（b）直根型　（c）二叉型　（d）鸡爪型

图 1.4　4 种根系类型

作者在调查中发现，不同土壤类型、不同生长年龄其根系类型比例也不相同。调查结果表明黑土层厚的草甸沼泽土黄芪根长度小于黑土层薄的草甸暗棕壤土，鞭杆型根少，直根型根多（表1.1），因此在选择种植黄芪的土壤类型时，应以黑沙壤土或黄沙壤土为好，否则种植出的黄芪根形态差，色泽也不好，商品质量会受到影响。

表 1.1　膜荚黄芪根系类型与土壤类型的关系

土壤类型	黑土层厚度 / 厘米	调查株数 / 株	主根平均长度 / 厘米	鞭杆型 / 株	直根型 / 株	二叉型 / 株	鸡爪型 / 株
草甸沼泽土	55	30	23.9 ± 1.2	6	17	3	4
草甸暗棕壤土	10	30	39.1 ± 2.7	17	10	2	1

注：调查地点：黑龙江省萝北县；调查日期：1984 年 9 月 15 日。

3. 茎的生长

（1）蒙古黄芪

播种后，子叶首先出土，在子叶展开的同时，第一枚真叶开始生长，其小叶数为 3 片，有时有 5 片小叶，以后出土的真叶数目增多。至第五枚真叶时，小叶片已有11片，以后生长的真叶小叶片数目逐渐增多。一年生植株小叶片呈椭圆形至长圆形，叶片较小，长6～8毫米，宽4～6毫米，表面绿色，几乎无毛，背面灰绿色，伏生白色柔毛。一年生茎较幼嫩，当生长至10～15厘米高时，常匍匐地面，形成平铺茎，这和膜荚黄芪有明显的区别。茎有棱，并有白色长柔毛，以后茎随着生长，逐渐变圆，表面粗糙，柔毛逐渐脱落，至10月上旬开始枯萎死亡。

由于黄芪是多年生草本植物，因此第二年生长要靠第一年秋季形成的更新芽生长。更新芽在当年7—8月即开始形成，至秋季在根颈区形成2～8个更新芽，更新芽白色，长5～8毫米。

第二年春季，更新芽开始萌动生长，当4月中旬至5月上旬（视不同地区具体情况而定），更新芽迅速生长，茎最初为绿色，具长柔毛，以后从基部向上逐渐木质化，表面变得粗糙，呈暗红色或黑色，茎上部仍较细弱，长至秋季，在根颈区再次形成更新芽，10月枯萎。第三年仍可继续生长。

（2）膜荚黄芪

一年生膜荚黄芪很容易与蒙古黄芪区别。播种后，子叶先出土，但较蒙古黄芪的子叶大，在子叶展开的同时，第一枚真叶也开始生长，第一枚真叶的小叶片为5片，以后逐渐增多，但速度较慢，第五枚真叶的小叶片最多可达7片。小叶椭圆形至宽椭圆形，小叶片明显比蒙古黄芪的小叶片大，长可达16.2～25.9毫米，宽可达10.5～12.8毫米。茎直立，较粗壮，棱角明显，并逐渐生长，当年可长高至60～80厘米，无分枝。膜荚黄芪当年就可以开花。茎有红茎、绿茎和有毛、无毛的区别，因而有4种类型的茎：红茎有毛、红茎无毛、绿茎有毛、绿茎无毛。当年秋季形成更新芽。大多数为2个更新芽，左右各一个。如果当年营养丰富，追施肥料，更新芽可多至8个。膜荚黄芪茎较粗壮，如更新芽过多，第二年茎会有很多的分枝，将影响根的生长。

第二年春季，更新芽在适宜的温度条件下，可萌发生长，当年茎即可长至1.0～1.5米，并且分枝较多，于8月中旬大量开花结果实，至10月枯萎死亡。由于膜荚黄芪的生长期比蒙古黄芪的生长期长，因此在黑龙江常常在秋季早霜来临时，黄芪地上部分尚未枯萎，当年秋季在根颈处形成更新芽6～12个，更新芽在根颈的两侧分布或在茎基部散生。

二至三年生膜荚黄芪，茎较粗壮，直径可达0.5～1.0厘米，木质化程度较高，且枝叶繁茂，茎叶产量较高。

4. 花、果实生长发育

（1）蒙古黄芪

蒙古黄芪在第二年开始开花，花序以主茎直接着生花序为主。花序初形成时，小花花冠整个包于花萼中，花萼多为绿色，表面被白色毛，整个花序呈穗状。以后花冠逐渐露出花萼，至开放前呈淡黄色，有的旗瓣和龙骨瓣先端呈粉红色，花药在花开放前，一直不开裂。当繁殖器官成熟后，花序上的小花梗由基部向上依次开放，首先旗瓣顶部抱合处展开并向外反折，使之和翼瓣、龙骨瓣分离，暴露出花药和柱头，花药风干后随即开裂，授粉过程开始。蒙古黄芪整个花序有小花数为 5 ～ 15 朵，排列较疏松。伴随着受精过程，子房逐渐膨大，花冠逐渐脱落，花萼逐渐变为红色，但宿存，柱头脱落，子房柄延长并超出萼筒，整个花期为 25 ～ 30 天。于 7 月中旬进入果期，荚果初为绿色，成熟时为棕色，果期持续到 8 月中旬。

（2）膜荚黄芪

膜荚黄芪花的生长发育和蒙古黄芪大致相似。但膜荚黄芪已经研究清楚，是异花授粉。膜荚黄芪的花，当完全开放后，要比蒙古黄芪的花大，长为 14 ～ 16 毫米。整个花序排列较紧密，每个花序上的小花数较蒙古黄芪的小花数多，为 20 ～ 50 朵。膜荚黄芪开花期明显较蒙古黄芪晚，始花期在 7 月下旬，于 8 月中下旬进入果期，果期可持续到 9 月下旬。

二、物候期

黄芪从播种开始，到植株死亡，其物候变化有以下几个时期。第一年：播种期、出苗期、第一真叶期、幼苗期、生长期、枯萎期；第二和第三年：返青期、生长期、孕蕾期、始花期、盛花期、结果期、枯萎期（收获期）。在观察时，应进行记载，记载情况如表 1.2 所示。下面分别介绍两种黄芪的物候期特征。

表 1.2　黄芪物候期观察记录

<table>
<tr><td>株龄</td><td></td><td colspan="2">年降水量</td><td></td><td>年积温</td><td></td></tr>
<tr><td colspan="2">物候期</td><td colspan="2">日期</td><td colspan="3">情况</td></tr>
<tr><td colspan="2">播种期
（返青期）</td><td colspan="2"></td><td colspan="3"></td></tr>
</table>

续表

物候期	日期	情况
出苗期		
第一真叶期		
幼苗期		
生长期		
孕蕾期		
始花期		
盛花期		
结果期		
枯萎期（收获期）		
备注		

1. 膜荚黄芪

（1）第一年

①播种期。一般在 4 月上旬至 5 月上旬播种（不同地区播种期不同，华北地区较早，在 3 月下旬至 4 月上旬，东北地区在 4 月下旬至 5 月上旬）。种子播下后，一般其出土时间会因种子的发芽势不同而不同。发芽势强的，出土时间快，一般 5 ～ 10 天即可出土，出土时子叶首先露出，最初为黄绿色，肥厚，以后变绿色，两片椭圆形子叶平铺于地面，两面光滑，脉纹不明显。此时如遇干旱天气，最易受到害虫为害，主要是黄条跳甲（农民习称“地格子”）咬食子叶。

②幼苗期。当子叶出土后，胚芽的上胚轴迅速生长，胚芽分化，长出第一枚真叶，第一枚真叶小叶片 3 片，少数有 5 片，一般 10 天以后，长出第二枚真叶，且以后真叶的小叶片数逐渐增加，一般至第五枚时已有 11 ～ 13 片小叶片，再以后小叶片数目逐渐增多。幼苗嫩茎迅速生长，此时期约要经过 1 个月。在此期间，一般天气干旱，有时还会有大风天气，幼苗极易受到干旱影响，如果是育苗栽培田，可以在苗床上适当灌溉。

③生长期。一般在5月中旬开始，膜荚黄芪进入生长期，此时茎迅速长高和加粗，最高可长至1.0～1.5米，且多数有一级分枝，茎上可具长柔毛，基部有鳞片状叶，茎的颜色开始有红、绿之分，因此会出现4种颜色的茎，即红茎有毛、红茎无毛、绿茎有毛、绿茎无毛。到8月中旬，在土壤营养条件较好的地块，会有少量花开放，如在特别肥沃的土壤上种植，当年会大量开花，影响根的生长，因此在选择膜荚黄芪的种植土壤时，一定不要选择肥沃的土壤。根在生长期迅速向下生长，一般到10月初，即可长至30～50厘米，但一般根的直径较细，且无侧根。在肥沃的黑土中，其根一般只长至10～15厘米，且呈圆锥状，在底层土坚硬的土壤，如白浆土中，黄芪的根仅长至5～10厘米，且为短而粗的根，很容易长成鸡爪芪。

④枯萎期。膜荚黄芪生长期较长，因此，一般在10月中下旬才进入枯萎期，地上部分开始枯黄，叶片逐渐脱落。但在东北地区，尤其黑龙江，由于霜期来临较早，常常不待黄芪枝叶枯萎，即遭到早霜的为害，使得黄芪不能结实，但茎叶并不枯萎。

一年生膜荚黄芪的越冬芽变化较大，很多人认为膜荚黄芪越冬芽较多，但据作者调查，在沙壤土及比较贫瘠土壤中生长的黄芪，一般只有2个越冬芽，因此种植膜荚黄芪一定要选择肥分较低的土壤，如果越冬芽过多，第二年枝叶生长过于繁茂会严重影响根的生长，从而使根的产量明显降低。

（2）第二和第三年

①返青期。膜荚黄芪从5月中旬开始迅速生长，至6月中旬一般可长至1.0～1.2米，同时大量分枝。特别是在较肥沃的土壤中生长的黄芪，枝杈较多。为了促进根的生长，可结合第一次中耕除草，适当掰掉一些嫩枝。

②孕蕾期。孕蕾是指花蕾形成的时期。膜荚黄芪孕蕾期较长，一般需20～30天，从6月上中旬开始出现花蕾（在华北地区可提前至6月初），此时正值中耕除草期，如不需要保留种子，可人工摘去花蕾。

③始花期。黄芪始花期是指花蕾开花，至有40%左右花开放的时期，此期也较长，一般在30天左右，在华北地区可为20～25天。

④盛花期。黄芪盛花期是指有70%～80%的花开放的时期。黄芪为腋生无限总状花序，即下部的花盛开时，上部的花仍为花蕾。此时正值高温多雨季节，因此如植株过密，往往容易患白粉病。膜荚黄芪小花开放时，长可达14.5～16.2厘米，花萼明显。一般一个花序有小花30～50朵。排列紧密。

⑤结果期。至 8 月下旬，黄芪进入结果期，即有 30% ～ 40% 下部的果实形成。荚果幼时半圆形或广椭圆形，扁平，初具白色短毛，以后随着果实的生长，毛逐渐变成黑色，成为黑色短糙毛。长 2.0 ～ 3.5 厘米。初为绿色，待成熟后逐渐膨大成为半透明膜质，荚果的颜色也逐渐由绿色转成绿黄色及黄色。

由于果实是逐渐成熟，因此当下部果实成熟时，上部仍有一些花正在开放。如不及时采收，或等上部果实完全成熟后再采收，下部的果实会因成熟后开裂而使种子散失。作者在这里特别要强调，黄芪荚果下部成熟较早，胚发育较好，质量较高，但由于成熟早，硬实性也较大，如不分期采收，往往会造成种子在第二年播种后，出苗不一致。作者在内蒙古进行调查时，有些药农就提出过这个问题，因此一定不要怕费工而不分批采收。

⑥枯萎期（收获期）。当黄芪长至当年 9 月下旬至 10 月上旬时，可根据不同地区的具体情况进行适时采收。华北地区可以晚一些时候采收，东北地区则应尽早采收。特别是黑龙江由于霜期和冰冻期来临较早，更应提前采收。如果是第三年收获，此时黄芪便进入枯萎期，至第三年春季又开始进入返青期。

2. 蒙古黄芪

（1）第一年

①播种期。一般在 4 月上旬至 5 月上旬播种。种子播下后，10 ～ 15 天出土，幼苗出土时，子叶和第一枚真叶生长情况和膜荚黄芪基本相似。

②幼苗期。幼苗生长和膜荚黄芪相似，但它们的幼苗多匍匐于地面，形成平铺茎，茎明显比膜荚黄芪细弱，并且叶片明显小，一般长 0.5 ～ 0.6 毫米，宽 0.3 ～ 0.4 毫米。因此在幼苗期两种黄芪极易区别。

③生长期。蒙古黄芪进入生长期以后，茎部开始木质化，茎为圆柱形，表面变得粗糙，但毛较膜荚黄芪少，稀疏分布，近光滑。到了生长后期，茎开始直立生长，但高度仅为 30 ～ 60 厘米，一般较少开花。

蒙古黄芪在第一年的生长期，根可长至 30 ～ 40 厘米，无分枝，但在低洼、多水的土壤中，根生长不良，极易烂根。根的直径也比膜荚黄芪大。在山西和内蒙古地区，一年生的蒙古黄芪根最粗可达 1.0 ～ 1.3 厘米。

④枯萎期。蒙古黄芪一般在 9 月上旬至 10 月上旬便枯萎死亡，尤以在华北地区更为明显。当年在根颈区可形成 5 ～ 8 个越冬芽，一般对生在根颈区的基部，两侧各 3 个芽，中间的芽明显大于两侧的越冬芽。

（2）第二年

①返青期。第二年春季，于3月下旬至5月上旬，当地温达到5～10℃时，越冬芽萌发生长，最初为白色，以后逐渐膨大，出土前，尖端为红色。

②生长期。在5月上旬，蒙古黄芪地上部分开始生长，茎最初为绿色，有长柔毛，中空。以后随着生长，茎基部开始木质化，茎的颜色加深呈暗绿色，粗糙而近光滑，直立。但上部的茎仍较细弱，多下垂甚至仍呈匍匐状而互相搭压。

③孕蕾期。蒙古黄芪的孕蕾期明显早于膜荚黄芪。在5月末便开始孕蕾，而且孕蕾期较短，约10天。

④始花期。15～20天，一般至6月中旬即进入盛花期。

⑤盛花期。6月上旬至下旬是蒙古黄芪的盛花期。其花序多在主茎上生长，腋生花序较少。花序初形成时，小花的整个花冠包于花萼中。花冠为淡黄色，但有些花则呈淡粉色。完全盛开的小花长16.8～18.4毫米，较膜荚黄芪的花小。花序也是无限总状花序，下部花盛开时，上部的花仍处于花蕾状态。

⑥结果期。蒙古黄芪结荚明显比膜荚黄芪早，一般在7月初至7月中旬便进入结果期。荚果也是膜质，但光滑无毛，此点是蒙古黄芪和膜荚黄芪主要区别之一。蒙古黄芪幼时为嫩绿色，成熟时为浅褐色。至8月中下旬，果实完全成熟，其成熟期要比膜荚黄芪早1.5～2.0个月。此时正值雨季，因此必须注意要及时采收。同时，这时正值高温季节，如果少雨干旱，还容易受豆荚螟等害虫的为害，果实会被咬食，严重的会造成种子大量减产甚至颗粒不收。

⑦枯萎期（收获期）。蒙古黄芪一般到9月下旬即枯萎死亡，但在黑龙江由于早霜来临，蒙古黄芪往往也来不及枯萎，即受冻害。如果是第三年收获，此时黄芪便进入枯萎期，至第三年春季又开始进入返青期。

三、生态条件对药材质量的影响

1. 土壤条件对药材质量的影响

中药材质量是以药材中含有的有效成分为标准，但目前药材市场上，还是常以药材的性状特征作为标准，为此必须了解不同土壤条件下栽培黄芪根的性状和化学质量变化，以便栽培出高质量黄芪。

目前研究证明，对于膜荚黄芪来说，沙质土壤上以栽培绿茎类型为好，红茎的膜荚黄芪应栽培在黄土中；对于蒙古黄芪来说，以栽培于黄土中的质量最好。正因为如此，在黑龙江栽培蒙古黄芪时，一定要注意选择黄沙土，否则栽培出的黄芪其根颜色为黑褐色，柴性大，粉性差，质量远不如在山西和内蒙古栽培的蒙古黄芪。

根据试验，绿茎的膜荚黄芪在沙土中，有效成分含量高，并且它的根和红茎的膜荚黄芪比较，根粗，分枝少。在黄土中栽培的红茎膜荚黄芪有效成分含量高，根分枝多且粗。蒙古黄芪在黄土中栽培，其根条粗、质量好。而在沙土中则多分枝，根相对较细，因此栽培蒙古黄芪以在黄土中为最好。

2. 灌溉及施肥对黄芪药材质量的影响

黄芪是一种耐干旱而不耐肥沃的深根系植物，因此不合理灌溉和施肥都会对黄芪药材质量产生不良影响。如果把黄芪栽培在黑土层厚而水分又充足的黑壤土中，其根往往不能向下生长，而形成短而多分枝的直根系黄芪，从而使黄芪药材质量降低。目前有些药农为了单纯追求产量，过量施入化肥和过多的灌溉，使黄芪根迅速生长，虽然产量增加了，但药材质量明显降低，主要表现为：根疏松而不坚实，粉性差，色泽发白，有效成分明显降低，难以在药材市场销售。

第三节 黄芪的生物学特性

一、对气候条件的要求

黄芪喜阳光，耐干旱，怕涝，喜凉爽气候，耐寒性强，可耐受 -30℃以下低温，怕炎热，适应性强。多生长在海拔 800 ～ 1300 米山区或半山区的干旱向阳草地上，或向阳林缘树丛间，植被多为针阔混交林或山地杂木林，土壤多为山地森林暗棕壤土。黄芪忌重茬，不宜与马铃薯、菊花、白术等连作。

黄芪一年生和二年生幼苗的根对水分和养分的吸收功能强。随着生长发育的进行，吸收功能逐渐减弱，但贮藏功能增强，主根变得粗大。黄芪生长周期为 5 ～ 10 年，如果水分过多，易发生烂根。对土壤要求虽不甚严格，但土壤质地和土层厚薄不同对根的产量和质量有很大影响。土壤黏重，根生长缓慢，

主根短，分枝多，常畸形；土壤沙性大，根纤维木质化程度大，粉质少；土层薄，根多横生，分枝多，呈鸡爪型，品质差。在 pH 7.0 ～ 8.0 的沙壤土或冲积土中黄芪根垂直生长，长可达 1 米以上，俗称“鞭杆芪”，品质好，产量高。

黄芪种子呈半卵圆形，千粒重 5.83 克。黄芪种子具硬实性，一般硬实率在 40% ～ 80%，造成种子透性不良，吸水力差，在正常温度和湿度条件下，约有 80% 的种子不能萌发，影响了自然繁殖。生产上，一般播种前要对种子进行前处理，打破种皮的不透水性，提高发芽率。种子发芽不喜高温，发芽适宜温度为 15 ～ 21℃，在该条件下，7 ～ 10 天即可出苗。在生长期若遇高温多雨天气，应注意预防病害。

二、对土壤条件的要求

黄芪喜干旱环境，耐旱能力强，所以土壤水分过多或积水都不利于黄芪生长。但幼苗期需水量大，所以要求土壤较湿润。长大以后抗旱能力逐渐加强，就可以减少灌溉。土壤反应以微酸性为好。土壤过于黏重，如白浆土就不利于黄芪生长，这种土壤种植的黄芪容易出现主根短、侧根多和根呈鸡爪状或容易烂根的现象，所以地下水位高，低洼易积水的地块不宜种植黄芪。

三、对肥分的要求

黄芪对土壤肥力要求较低，喜沙壤土，疏松、透水透气性能良好的土壤更好。

四、生长发育特性

黄芪从播种到种子成熟要经过 5 个时期：幼苗生长期、枯萎越冬期、返青期、孕蕾开花期和结果成熟期。

黄芪种子萌发后，在幼苗五出复叶出现前，根系发育不完全，入土浅，吸收差，怕干旱、高温、强光。五出复叶出现后，根系吸收水分、养分能力增强，叶片面积扩大，光合作用增强，幼苗生长速度显著加快。通常当年播种的黄芪处于幼苗生长期，不开花结果。

地上部分枯萎到第二年植物返青前称为枯萎越冬期。一般在 9 月下旬叶片开始变黄，地上部分枯萎，地下部分根头越冬芽形成，此期需经历 180 ～ 190

天。黄芪抗寒能力强，不加覆盖物也可安全过冬。

越冬芽萌发并长出地面的过程称为返青。春天当地温达到 5 ～ 10℃时，黄芪开始返青。首先长出丛生芽，再分化茎、枝、叶，形成新植株。返青初期生长迅速，30 天左右即可长到正常株高，随后生长速度又减缓下来，这一时期受温度和水分的影响很大。

从花蕾由叶腋出现到小花凋谢为现蕾开花期。二年生以上植株一般在 6 月初出现花芽，逐渐膨大，花梗抽出，花蕾逐渐形成，蕾期 20 ～ 30 天。7 月初花蕾开放，花期为 20 ～ 25 天。从小花凋谢至果实成熟为结果期。二年生黄芪 7 月中旬进入结果期，约为 30 天。果实成熟期若遇高温干旱，会造成种子硬实率增加，使种子品质降低。黄芪的根在开花结果前生长速度最快，地上光合产物主要运输到根部，而以后则由于生殖生长会大量消耗养分，使得根部生长减缓。

第四节 黄芪栽培技术

一、选地和整地

黄芪是深根性植物，对土壤酸碱度要求不严，一般以 pH 6.5 ～ 8.0 的沙壤土最为适宜。平地种植黄芪应选地势高、排水好、渗透力强、地下水位低的沙壤土或冲积土。忌用低洼积水的草甸土、质地黏紧的黏壤土和含盐碱成分的盐碱土。在山区和半山区，应选择地势向阳、土层深厚、土质肥沃和渗水力强的沙壤土、沙砾土或棕色森林土。选好地后进行整地，以秋季翻地为好。

黄芪根系较深，并喜垂直生长，因此要深翻地，耕深一般应达到 30 ～ 40 厘米。

翻地后应及时整地耙平，以利保墒。春季整地备垄应及早进行。伏夏翻地后要进行几次耙地灭草，在秋季作垄。垄距 50 ～ 60 厘米。起垄后要把垄台耙平，以利播种。

若是畦作，在深翻后，应将地整平耙细，做 1.3 米宽的高畦，畦高 10 ～ 15 厘米，畦沟宽 40 厘米，畦面耙平整细。

黄芪前茬作物以小麦、玉米为宜，忌连作。豆类作物、甜菜、谷子、油菜及新开垦的荒地都不宜种植黄芪。

不同地区整地方法也不相同，下面简单介绍部分地区的整地方法。

山西省和陕西省药农整地方法：黄芪幼苗出土期间需要一定水分，因此播种前保墒非常重要。在播种前一年的秋末，前茬作物收获后，深翻30厘米以上，耙平。来年春季解冻后，可先施入基肥，基肥可用猪粪、牛粪、羊粪、人粪尿等，如施化学肥料应以磷肥为主，每亩可施磷酸铵15公斤。将上述肥料均匀地撒在地面，再用犁将肥料翻入，耙平耱细，准备播种。

东北垄作整地方法：黑龙江目前种植黄芪有两种形式：畦作和垄作。畦作在秋季建成宽1.5～2.0米、高15～20厘米高畦，畦长视具体地块而定。建好畦后，进行翻耕，耙细整平，准备来年进行播种，一般情况不进行施肥。如果是垄作，则可在第二年春季进行翻地，建成大垄，垄宽为50～60厘米。建成垄后，再用细耙耙平垄顶，即可等待播种。

内蒙古自治区畦田整地方法：内蒙古自治区种植黄芪采用高垄畦作方法。在秋季将土地翻耕后，建成宽畦，畦长5米，宽2～4米，畦高10～15厘米，做好畦后施入肥料，再进行翻耕，整平耙细，作为明年播种田。

二、播种

1. 选种

播种前必须选好种子。首先要根据不同省份和地区，选择不同种类的黄芪。在山西、内蒙古必须选择蒙古黄芪，栽培后其根长而直，色泽好，柴性小，绵性大，粉性足，且多为鞭杆型。如选用膜荚黄芪则常长成鸡爪芪，当地药农称其为硬苗黄芪。作者在1984年曾在内蒙古固阳县下石壕乡调查，发现当地残留的膜荚黄芪根深仅10余厘米，用手一拔，即可将根拔出。在东北三省两种黄芪都可种植。在选择种类时，还可根据不同用途而确定种类。如既要根又要茎叶，就以选择膜荚黄芪为好。

确定好种类后，还要进行选种，优良种子一般有两种含义：一是优良的品种，二是优良的种子。由于目前栽培黄芪未形成品种，而原来在山西的大三黄、小三黄品种已经找不到了，因此药农在选择品种时，最好选择本省的种子，如选择外省的种子，特别是从华北向东北调运种子时，一定要进行发芽率试验，同时要考虑种子的抗寒能力，以便保证种子有足够的发芽率和能够安全过冬。

选择优良的种子应以籽粒饱满、种子黑褐色、无虫蛀和未经农药处理的种子为好。种子在过冬贮藏时，往往会受虫害，尤其是隔年的种子更为严重。有些药农为了使种子不受虫害，会喷洒农药进行保护，如果用这样的种子，不经过处理，播种后会造成土壤中农药残留，从而影响黄芪药材的质量，因此一定要在播种前进行适当处理。

播种前应进行选种，可进行风选或筛选，去掉干瘪和被虫蛀的种子。

播种用种子最好是用去年的种子，如用隔年种子或存放 2 ～ 3 年以上的种子，一定要准确进行发芽率试验，以保证有足够的发芽率，并应准确计算亩播量。经科研人员试验，黄芪种子当年发芽率为 98% ～ 100%，2 年种子发芽率为 80% ～ 85%，3 年种子发芽率为 60% ～ 70%，4 年种子发芽率仅有 10% ～ 15%。

2. 种子处理

黄芪种子种皮较硬，透水性较差，吸水力弱，因此发芽困难，黄芪繁殖既可用种子直播，又可用育苗移栽，但播种前都需对种子进行前处理（表 1.3）。

表 1.3 不同处理对黄芪种子发芽势和发芽率的影响（晋小军等，2007）

处理	4 天后			6 天后			位次
	发芽粒数 / 粒	发芽势 / %	相比对照增减 / %	发芽粒数 / 粒	发芽势 / %	相比对照增减 / %	
不处理	4	8	—	24.5	49	—	4
用沙石磨	34	68	60	42	84	35	1
沙石磨后 20℃浸泡 12 小时	19	38	30	39	78	29	3
20℃温水浸泡 12 小时	19	38	30	40.5	81	32	2

（1）沸水催芽

将选好的种子放入 80 ～ 90℃水中，急速搅拌 1 ～ 2 分钟，立即加入凉水冷却，待水温降至 40℃后再浸种 2 小时，再将水倒出，加盖麻袋等物闷 12 小时，待种子膨胀时播种（此时必须土壤墒情好）。也可以将种子捞出加以晾晒后

进行播种。

（2）机械处理

一种方法是用碾米机快速打一遍（但开孔要大，避免损伤胚根，影响种子发芽），一般以种皮起刺毛为好。另一种方法是将种子与粗沙按1:1的体积混匀，用碾子串至划破种皮为止。

（3）浓硫酸处理

用70%～80%浓硫酸处理，把种子放入配好的浓硫酸中，浸泡3～5分钟，再迅速用流动水冲洗半小时，后用清水多次清洗，一定要洗净种子上残留的浓硫酸，一般发芽率可达85%以上。

3. 播种

黄芪种子播入土壤后，遇水膨胀，吸涨的种子一般在地温为5～8℃时就能发芽，以20℃时发芽最快，仅需4～5天，土壤水分以18%～24%对出苗最为有利。一般春季播种后，如果土壤墒情好，播后12～15天即可完全出苗。

黄芪播种方法因栽培方式、栽培地区的不同而有所不同。

山西、内蒙古、陕西地区多春播。春播从地解冻后开始，播种时间在3月上旬至3月下旬（视具体地区而定），宜早不宜迟。播种方法多用耧播。先将耧腿上的羊蹄眼板拔掉，堵塞中腿（行距30厘米以上）进行播种，将种子均匀地播于耧沟的表面，再耱平即可（实际覆土厚度在1.5～3.0厘米）。不宜耧播的山坡地，进行撒播，用犁浅耕后，均匀地撒上种子，耱平即可。每亩播种量为1.5公斤。

东北地区春、夏、秋三季均可播种，春播在4月下旬至5月上旬，夏播在7月下旬至8月上旬，秋季在结冻前播种，以掌握在播种后耕层结冻而未出苗为宜，第二年春季出苗黄芪垄作时，可采用条播或穴播。条播可用怀播，怀播是东北种植谷子常用的方法，其土播种器农民称为“点葫芦”，开沟工具称为怀耙，一般播种时要6～7人，这样播种的黄芪出苗齐，质量高。如果没有怀耙，可以用人工开沟撒播。穴播时穴距15～18厘米，每穴点4～5粒种子。覆土厚度为3厘米左右。畦作时，一般进行条播，行距60厘米。垄作的平均亩播量为1.5～2.0公斤，畦作的每亩播量为2公斤。育苗田亩播量在内蒙古可达5公斤左右。

在进行人工撒播时，由于黄芪的种子较小，如果掌握不好，会播得过密。为了解决这一问题，使播种密度不致过密，可把种子和细沙混合在一起，比例为 1/3 的种子和 2/3 的细沙。黄芪播种出苗慢，幼苗细弱，怕强光，因此适当遮阴，有利于黄芪幼苗的生长。尤其在山西和内蒙古，由于春天干旱，黄芪幼苗往往不易成活。故山西晋北一带多采用混播，即在 6 月下旬把黄芪和油菜、亚麻或荞麦混在一起播种。由于油菜、亚麻生长快，可以给黄芪遮阴避风，而且可以减少杂草的生长，增加产量。这样的黄芪田，每亩用黄芪种子 1.3 公斤，油菜种子 100 克，混合条播，行距 45 厘米，也可第一年在畦埂上种春玉米遮阴，也有与荞麦混播的。

4. 筒栽和营养钵育苗

由于黄芪采收时，根很深，不好采挖，因此进行了黄芪筒栽试验，证明使用这种方法，黄芪当年就可收获。具体方法是：在播种时，用直径为 5 ～ 8 厘米的塑料筒，在里面装上土，然后依次排列栽在垄内，每个筒内点播 3 ～ 4 粒种子。出苗后，在间苗时，留一株健壮的幼苗。

为了解决育苗问题，采用营养钵方法育苗。具体方法是：在向阳处做床，并加以遮风设备，或在塑料大棚内育苗。将直径为 6 ～ 7 厘米的特制的营养钵摆满，其中不必留空隙。营养钵内加入床土（床土为沙壤土 4 份、筛过的堆肥 4 份、细沙 2 份，混匀备用）。再在钵中央挖深为 3 ～ 4 毫米的小穴，播种子 3 ～ 4 粒，再加细土或沙土覆盖，覆土厚度为 2 ～ 3 毫米。灌足水，以后可每天灌水 1 次，若晴天，视钵内干旱程度，每天可以灌溉 2 次。一般在室内 3 ～ 4 天即可发芽，在室外者 7 ～ 10 天即可发芽。播种 30 天后，即可定植。在发芽后 10 天时，应进行间苗，每钵内留 2 株。

5. 良种繁育

目前，栽培的黄芪种子比较混杂，两个不同种的黄芪也常常混淆。特别是在黑龙江两种黄芪都有种植，由于没有建立种子田进行品种选育，因此目前全国黄芪种子质量不高，尚未形成纯化的品种。山东甚至出现了杂交种，严重影响了黄芪的产量和质量。为此作者建议药农特别是药材基地在种植黄芪时，一定要建立自己的种子田，以保证种子的质量。特别是在种植膜荚黄芪时，由于茎有 4 种类型，而且它们和黄芪的产量和质量又有密切的关系，因此可以通过地上部分的特征进行优良品种选育。

种子田的建立要按照种子田的有关规定进行，以确保未来种子的质量。

三、田间管理

黄芪虽然是耐干旱植物，但栽培后幼苗耐旱及抵御不良环境能力较差，因此栽培黄芪田间管理最关键的是苗期管理。

1. 间苗和定苗

黄芪幼苗生长缓慢，因此出苗后往往草苗齐长，尤其在干旱后下雨时更为突出。因此，当幼苗高 4 ～ 5 厘米，出现 5 片叶片时，应进行间苗，去掉过密的和生长不良的幼苗。当幼苗长至 7 ～ 8 厘米时，结合中耕除草进行定苗，要留拐子苗。膜荚黄芪由于植株较大，因此株距可为 9 ～ 10 厘米，亩保苗株数为 1.2 万～ 1.3 万株。蒙古黄芪第一年植株矮小，株距可适当缩小，一般为 6 ～ 7 厘米，亩保苗株数为 1.6 万～ 1.8 万株。

2. 中耕除草

（1）育苗田的中耕除草

育苗田由于播种量大，幼苗生长较密，加上一般是台田作业，因此目前主要是采用人工方法进行间苗和拔除杂草。在内蒙古达茂旗，育苗田杂草在早期比较多，而且杂草根系生长较快，因此在人工拔除时，由于黄芪幼苗尚小，往往会带出一些黄芪幼苗，造成育苗田缺苗断垄现象，为此建议试用一些大豆作物的除草剂，以保证育苗田有足够的幼苗。

（2）直播田的中耕除草

直播田如果采用垄作，可用锄头进行人工除草，在东北地区，可按大田作物的中耕除草方法，进行铲趟。一般在间苗时进行第一次铲趟，定苗时进行第二次铲趟，至 7 月上中旬进行第三次铲趟。第二年只进行两铲两趟。一般在 6 月初和 7 月中下旬各进行 1 次。如果是三年生，在第三年只在 6 月中下旬进行 1 次铲趟即可。

如果采用高畦或台田直播，则最好用小扒锄进行松土和除草。

为了防止杂草丛生，在播种后或出苗前可采用化学方法进行除草。根据试验，在黄芪田中可采用适于豆科作物的除草剂：氟乐灵和拉索，这两种化学除草剂都是高效选择性除草剂。它们的突出特点是都能较好地防除一年生禾本科杂草，对其他一年生杂草也有一定的除草效果，并具有残效期长等特点（在 2 个月左右）。这两种除草剂对黄芪安全，不产生药害，黄芪幼苗和成年植株都能正常生长发育。氟乐灵、拉索有效成分分别为48%和38%，这两种除草剂均为乳剂，均为土壤处理剂，使用方法简单，可在播种的同时喷施在苗床上（或垄台上），也可在播种后出苗前进行喷施。氟乐灵的施用量为每公顷3公斤，拉索每公顷为1.44～2.40公斤。不同的土壤类型，以及土壤中有机质的含量与药效有很大的关系。一般有机质含量高的肥沃腐质土，对除草剂的吸附能力强，可适当增加施用量，而对肥力差的沙壤土或瘠薄地，则可减少施肥量。氟乐灵挥发性较大，易被光分解，施用后，应立即与土壤混合，才能更好地发挥作用。上述除草剂在使用时，都要用水稀释，其用水量可根据水源、土质、施药工具性能等情况灵活运用。原则上应达到按施用量喷施均匀为好。

3. 灌溉和施肥

黄芪虽然是耐干旱植物，但有两个需水高峰期，即种子发芽期和开花结荚期。幼苗期灌水需少量多次，小水勤浇；开花结荚期视降水情况适量浇水。尤其是育苗田更应及时灌溉，待幼苗长大后，一般情况下不必灌溉。在7—8月雨季到来时，还要特别注意排水，防止涝灾，如果排水不及时，极易引起黄芪根部腐烂，易诱发（加重）沤根、麻口病、根腐病及地上白粉病，造成减产。

关于施肥问题，不同地区有不同的做法，但许多试验证明，黄芪不是喜肥植物，因此不易施肥过多，如施肥过多，再加灌溉次数增加，虽然产量增加，但黄芪药材质量明显降低。内蒙古地区有些药农称追肥的黄芪为水苗黄芪，而不灌溉施肥的黄芪，称为冷苗黄芪，其产量相差2～3倍，但水苗黄芪药材的质量明显比冷苗黄芪的药材质量差，根疏松、粉性差、甜味差。

在黑龙江栽培黄芪习惯上是只施基肥，一般不再追肥。

在华北地区，一般在黄芪定苗后追施氮肥和磷肥，每亩可追施尿素5～6公斤，或硫酸铵、硝酸铵10～15公斤，硝酸钾5～6公斤，过磷酸钙5～10公斤。

在种子田为了增加种子的产量，可以适当追施肥料，除在定苗时追施氮肥外，在孕蕾期可再追施磷肥，每亩可追施过磷酸钙5～10公斤，以保证种子的产量增加。

4. 打顶

黄芪在生长的第二年会大量开花结果实，影响根的生长，因此在大面积种植黄芪时，应进行打顶。摘去顶部枝叶、去掉腋生花序，一般而言，蒙古黄芪

应在6月上旬，膜荚黄芪应在7月上旬进行，具体时间以花絮大量形成、花序基部的花开放时进行。

四、采收

1.根的采收

黄芪药用部位是根，因此获得高产量的根是非常重要的。在不同省份采收年限不同，河北、山东等地常常是1年，而在东北、内蒙古等地则是2～3年。从质量上考虑，应以3年采收为最理想。年限短的根，一般质量不佳。

由于黄芪是深根系植物，采收比较困难，可采用深松挖采机或用大犁采收，也可以用人工刨挖的方法。在采收时，应注意尽量将根全部挖取，并应保持一定的长度（商品药材一般规定根的长度在20～30厘米），同时要防止损伤外皮及过早断根，以保证黄芪药材的质量。采收时期以9—10月地上部分枯萎后为宜。

2.叶的采收

黄芪的叶也可药用或作为保健饮料（如北芪神茶）的原料。采收叶片一般在7月中下旬白粉病发生前。采收叶片时，可以连茎一起割下，晒干后，茎和叶单独收获。若叶发生白粉病，则不能采收利用。

3.种子的采收

秋季收获时，选植株健壮、主根肥大粗长、侧根少、当年不开花的根留作种苗，芦头下留10厘米长的根。黄芪种植后，第一年基本不开花，只有个别植株开花；第二年大量开花；第三年最为茂盛。黄芪花序为无限花序，也就是下部种子成熟时，上部仍在继续开花。由于这种习性，种子的收获应分期进行，成熟一部分就采收一部分。如果等到秋末上部的果实成熟时再收获，下部的果荚已经开裂，种子散失，收获量会降低，而且成熟的种子落地后，第二年还会萌发，这样就会造成田间的苗龄大小不一，在同一块土地上，一年生及二年生的黄芪同时存在，待到了采收期，土壤中黄芪根，有大有小，产量和药材的质量都会受到影响。

留种田宜选排水良好、阳光充足的肥沃地块，施足基肥，按行距40厘米，开深20厘米的沟，按株距25厘米将种根垂直排放于沟内，芽头向上，芦头顶离地面 2 ～ 3 厘米，覆土盖住芦头顶 1 厘米厚，压实，顺沟浇水，再覆土 10 厘米左右，以利防寒保墒，早春解冻后，扒去防寒土。随着植株的生长，结合松土进行护根培土，以防倒伏。7—9 月开花结果后，待荚果下垂、果皮变白、种子变绿褐色时摘下荚果，随熟随摘，此时采收的种子质量最高，发芽率也高。

果实采回后，晒干脱粒。除净杂质，选籽粒饱满而有褐色光泽的优良种子备用。留种田，如加强管理，可连续采种 5 ～ 6 年。种子产量从第二年开始，每年每亩收获 10 ～ 15 公斤。种子保存期以 2 年为限。

五、产地加工

黄芪采收回来后，要在产地进行初加工。采回来的根，去掉泥土，趁鲜去掉残茎、根须，切去芦头，在场院进行晾晒，待达到六七成干时，剪去须根和侧根，按等级用麻绳捆成 5 公斤的小捆，再晒干即为生黄芪。

栽培的黄芪选条粗大、皮细嫩的用沸水撩过，搓直，以当地产的乌青叶煎汁，加青矾、五倍子染黑外皮，斩去芦头，称为“冲正芪”。栽培的黄芪选条匀、皮嫩的用沸水撩过，搓至顺直，去掉芦头至无空头为度，称为“炮台芪”，分正副两档。以上两种用沸水撩过的黄芪药材，当地药商称其为“熟芪”。

六、包装、贮藏和运输

1. 包装

黄芪采收晾干后，要按等级不同打捆，用竹篓、芦席包、木箱等包装。打捆时，将黄芪条理顺好，扎成小把，用绳子捆紧，再用芦席包裹，其规格一般为长 1.3 米、宽 0.8 米、高（厚）0.5 米的长方形捆，用绳子捆 4 道腰，每捆重 50 公斤。

在加工中被切下来的黄芪根头，要另入柳条篓或竹筐中，其规格为上口直径 0.8 米、下口直径 0.93 米、高 0.66 米，椭圆形，装满后用细麻绳将口捆好。上等品可用木箱装，将盖钉严。在运输中，可按不同等级，在包装物上拴上标签，一等品用红色签，二等品用绿色签，三等品用黄色签。货签要写明等级、重量、单位、品名、批号、产地、采收日期、注意事项、质量检查结果等。

2. 贮藏

黄芪淀粉含量高，且含有黏液质，具粉性，有甜味，夏季易受潮而生虫，也容易霉烂、变色（发黑），所以应该贮藏在通风干燥处。黄芪药材贮藏的适宜温度为30℃以下，相对湿度为60%～70%，商品安全水分为10%～13%。黄芪的水分含量在11%～12%时，在相对湿度为78%的条件下，可以安全度过夏天。如果水分含量超过15%时，则必须拆包摊晒。

黄芪药材如果保管不当，很容易产生霉变，有虫蛀为害的仓库害虫有家茸天牛、咖啡豆象、印度谷螟，贮藏期应定期检查、消毒，经常通风。染霉品两端及折断面显白色及绿色霉斑，有时表面也见霉迹。贮藏期间应定期进行检查，发现轻度霉变、虫蛀，要及时摊晒，严重时，可用磷化铝、溴甲烷熏杀。为预防生虫，每年5月可用硫黄熏1次，再摊晾，立秋前后再熏1次。

切制成的饮片，必须等彻底干燥后，再贮存于坛内或石灰缸内，将口封闭，置于干燥通风处，并应注意进行检查，一旦发现霉蛀即要进行晾晒，筛去蛀虫和屑末，另取干净容器存放。一般贮量不多，只要本身干燥，取后盖严，不致遭虫蛀。

3. 运输

药材批量运输时，不应与其他有毒、有害、易串味物品混装，黄芪在运输过程中，要注意打包，一般用麻袋封装，在运输过程中要避免被雨淋湿。

第五节　黄芪病虫害防治

一、病害及其防治

1. 白粉病

（1）症状及为害部位

白粉病是黄芪的主要病害之一。为害叶片和荚果，发病后，叶片两面和荚果表面均产生白色绒毛状霉斑，呈白粉状，随后蔓延至叶片的大部分，叶片如覆白粉。在发病后期在病斑上出现许多小黑点，造成叶片早期脱落，严重时使叶片和荚果变成褐色或逐渐枯萎死亡。一般发病率在 10% ～ 40%，严重时可达 80%。

（2）发病规律

多发生在 7—8 月高温多雨季节，有时苗期也可以患病。高温高湿的天气，有利于病菌孢子的萌发和侵染，而当气候干燥时又有利于病菌孢子的传播蔓延。栽培管理粗放，施肥灌溉不当，尤其是使用氮肥过多极易造成植株徒长，使白粉病更容易发生。病菌的菌丝可以在黄芪的越冬芽上过冬，到第二年可再次感染健康植株。

（3）防治方法

加强田间管理，合理密植，注意通风透光，可以减少病害发生。收获后及时清除田间病残体，集中烧毁深埋，以减少病菌孢子越冬。药剂防治：① 用 25% 粉锈宁可湿性粉剂 800 倍液或 50% 多菌灵可湿性粉剂 500 ～ 800 倍液喷雾。② 用 75% 百菌清可湿性粉剂 500 ～ 600 倍液或 30% 固体石硫合剂 150 倍液喷雾。③ 50% 硫黄悬浮剂 200 倍液或 25% 敌力脱乳油 2000 ～ 3000 倍液喷雾。④ 25% 敌力脱乳油 3000 倍液加 15% 三唑酮可湿性粉剂 2000 倍液喷雾。用以上任意一种杀菌剂或交替使用，每隔 7 ～ 10 天喷 1 次，连续喷 3 ～ 4 次，具有较好的防治效果。

2. 紫纹羽病（烂根病）

（1）症状及为害部位

紫纹羽病的病原是一种担子菌。黄芪感染病菌后，先由须根发病，而后逐渐向主根蔓延。发病初期，可见白色线状物缠绕根上，此为病菌菌索，后期菌索变为紫褐色，并互相交织成一层菌膜和菌核。根部自皮层向内部腐烂，流出褐色无臭味的汁液，后期在皮层上生成突起的深紫色不规则的菌核，故称其为“紫纹羽病”。病情严重时，全部根都腐烂，叶片枯萎，全株死亡。

（2）发病规律

一般在 6 月下旬开始发病，7—9 月最为严重，高温多湿季节更易发病。地下水位高，土质黏重地段和重茬地最易发病。

（3）防治方法

①合理选地，不重茬。②加强田间管理，及时排除田间积水。③发现病株及时拔除，病穴及其周围撒上石灰粉，以防蔓延。④收获时期将病残株集中烧毁深埋，以减少越冬病菌。⑤可在播种前进行土壤消毒，具体方法为：用石灰

氮做基肥，每亩施入 20 ～ 30 公斤，2 周后再进行播种。

3. 白绢病

（1）症状及为害部位

患病初期，病根及周围表土有白色絮状菌丝，并逐渐密集成为菌核，初为乳白色，后变为浅黄色，最后变为深褐色。黄芪感染白绢病后，根部开始腐烂，后仅残留纤维状的木质部，极易从土中拔出。地上部分枯萎死亡。菌核可通过水源、杂草及土壤的翻耕等向各处扩散传播为害。

（2）发病规律

在每年的 6 月下旬开始发病，如果施入的土杂肥没有充分腐熟，也可加速植株患病。菌核在土壤中过冬，第二年仍会感染健康植株。

（3）防治方法

①合理轮作，间隔时间以 2 ～ 3 年为好。②进行土壤处理。可在播种前，施入杀菌剂进行土壤消毒。常用的杀菌剂为 50% 可湿性多菌灵 400 倍液，拌入 2 ～ 5 倍的细土。一般要求在播种前 15 天完成，可以减少和防止病菌为害。另外，也可以 60% 棉隆作消毒剂，但需提前 3 个月进行，以 10 克 / 平方米的用量与土壤充分混匀。药剂防治：可用 50% 混杀硫或 30% 甲基硫菌悬浮剂 500 倍液，或 20% 三唑酮乳油 2000 倍液，用其中一种，每隔 5 ～ 7 天浇注 1 次；也可用 20% 利克菌（甲基立枯磷乳油）800 倍液于发病初期灌穴或淋施 1 ～ 2 次，每 10 ～ 15 天防治 1 次。

4. 枯萎病

（1）病状和为害部位

黄芪患枯萎病后，表现为地上部分枝叶枯黄，严重时，整个植株萎蔫死亡。根部患病后，表现为表面粗糙，呈水渍状腐烂，皮部红褐色。主根顶端和侧根首先患病，以后逐渐向上蔓延，严重时，整个根部发黑腐烂，极易从土中拔起。土壤湿度过大时，根部产生一层白毛。

（2）发病规律

病害常于 5 月下旬至 6 月初开始发病，7 月以后发病严重，常导致黄芪成片死亡。地下害虫活动频繁，地势低洼，都有利于病害的发生。带菌的土壤和种苗常常是使黄芪患枯萎病的主要来源。

（3）防治方法

①整地时进行土壤消毒，具体方法为：用石灰氮做基肥，每亩施入 20 ～ 30 公斤，2 周后再进行播种。②对带菌种苗进行消毒。③用 30% 固体石硫合剂 150 倍液喷洒。④用 50% 硫黄悬浮剂 200 倍液喷洒。

5. 锈病

（1）症状和为害部位

黄芪受到锈菌为害后，主要表现为叶片背面生有大量黄褐色至暗褐色的病斑，叶片正面也有黄色的病斑，到后期则整个叶片都长满黄色的斑点，叶片枯萎死亡。

（2）发病规律

北方一般于 4 月下旬开始发病，至 7—8 月最为严重。如果种植密度过大，或施入氮肥过多，都会加速锈病的发展。

（3）防治方法

①实行轮作，合理密植。②在夏季高温多雨季节，注意排水，降低田间湿度。③在种植黄芪选地时，要尽量选择排水良好、向阳，土质疏松的沙壤土进行种植。

二、虫害及其防治

1. 豆荚螟（食心虫）

食心虫为豆荚螟幼虫。幼虫初孵时为枯黄色，渐转白色、灰白色或绿色；老熟时背面变紫色，腹面绿色。初孵的成虫体长 1.4 厘米，头及前胸背板为淡褐色，前胸背板中央有“人”字形黑纹，两侧各有黑斑 1 个，近后缘中央又有黑斑 2 个。虫害常于 7 月下旬至 9 月下旬发生。成虫在黄芪幼嫩荚果或花蕾上产卵，孵化后幼虫进入果荚内咬食种子。老熟幼虫钻出果实外，入土结茧越冬。

食心虫每年发生数代，可因不同地区及当年的气温而有所不同。成虫白天在寄主植物或杂草上，晚间活动，交配产卵，有弱的趋光性。成虫飞翔能力弱，但速度较快，一般做短距离飞行。雌蛾产卵时分泌黏液，卵多产于果荚的荚毛间，少数的卵产于幼嫩的叶片上。一般雌蛾 1 年可产卵 1 ～ 14 次。幼虫孵

化后，即在黄芪的豆荚上爬行或吐丝，悬垂到其他的果荚上，继续为害荚果。

防治方法：①调整播种期，避开第一代成虫的产卵期。②进行轮作，开花期防止植株过于干旱。③老熟幼虫入土前，可施用白僵菌粉剂。发生期释放寄生蜂也有较好的杀虫效果。

2. 黄芪籽蜂

黄芪籽蜂是为害黄芪种子的另一种主要的害虫，药农也把它们叫作食心虫。黄芪籽蜂的种类较多，据中国医学科学院药用植物研究所的调查和鉴定，黄芪籽蜂主要有 4 种，即：内蒙古黄芪籽蜂、北京黄芪籽蜂、圆腹黄芪籽蜂、拟京黄芪籽蜂。这些籽蜂的幼虫为害黄芪，它们在黄芪的果实处于青果期时产卵在果实内，幼虫孵化后蛀食种子，将种子吃光，仅留种皮，幼虫在其中化蛹，成虫羽化后，咬破种皮和种荚后脱出，并在种皮和种荚上留有直径约为 1.5 毫米左右的羽化孔。一般种子里只有 1 个幼虫，1 个幼虫只为害 1 粒种子。蒙古黄芪种子的为害率，一般在 10% ～ 39%，严重者可达 40% ～ 50%。膜荚黄芪的为害率更高。这些籽蜂在黄芪上只发生 1 代。当幼虫孵化后，即转移到其他的寄主上。

防治方法：铲除田间杂草，减少越冬的条件，使害虫无法在田间越冬。种子收获后用 1∶150 倍液的多菌灵拌种。药剂防治：在盛花期和结果期各喷乐果乳油 1000 倍液 1 次；种子采收前喷 5% 西维因粉 1.5 公斤 / 亩。

3. 芫菁

芫菁以成虫为害黄芪的叶、花序、嫩荚。为害黄芪的芫菁有 9 种，其中以大头豆芫菁、中国豆芫菁、存疑豆芫菁为主。中国豆芫菁的成虫体长 11 ～ 19 毫米，胸腹和鞘翅均为黑色。头部略呈三角形，前胸背板中央和每个鞘翅都有 1 条纵行的黄色条纹。前胸两侧、前翅的周缘和腹部各节腹面的后缘都生有灰白色毛。成虫于 6 月下旬至 8 月中旬出现为害黄芪，8 月最为严重。成虫白天活动，有群居为害的习性，喜食嫩叶，也能咬食老叶和嫩茎。叶被害虫咬食后，往往只剩下叶脉，严重时全株的叶片都被吃光。成虫受到惊吓时，会自动散开或落地。其腿节末端能分泌芫菁素，这是一种黄色的液体，人们如接触到这种黄色液体，往往会引起皮肤红肿或发泡。

防治方法：①秋季时翻耕土地，使虫卵不能安全越冬。②因为芫菁有群居的特性，可以在早晨使用扑网进行人工捕杀。

4. 蚜虫

蚜虫为害黄芪，主要是在嫩芽和嫩叶上，常常群居，吸食植物的汁液，使嫩芽枯萎，幼叶卷缩，而且蚜虫的分泌物常会引起病菌繁殖，使黄芪更易遭受病害。蚜虫 1 年可以发生许多代，主要是以无翅的胎生雌性蚜虫和若蚜为主。它们常栖息于背风、向阳的山坡、沟边及路旁的杂草中，如紫花地丁、野苜蓿、野豌豆的心叶及根茎交接处过冬。到了第二年春季在越冬寄主上大量繁殖，到了 4 月中下旬或 5 月中下旬（东北地区可延长至 6 月下旬）形成第一次的为害期。蚜虫的发生主要和空气的湿度及降水有密切的关系。当空气的相对湿度在 60% ～ 75% 时为害最为严重。当相对湿度在 80% 以上时，蚜群数量逐渐下降。一般在 4—7 月时，空气的相对湿度往往在 50% ～ 80%，有利于蚜虫的繁殖。当暴雨来临时，蚜虫会大量死亡，种群密度会大量下降。蚜虫有许多天敌，主要有瓢虫、蚜茧蜂、草蛉、食蚜蝇等。

防治方法：①建议使用天敌防治蚜虫。②用 50% 灭蚜松 1000 倍液或 10% 灭菊酯 1000 倍液喷杀。

三、植物性农药的使用

目前，国内外在防治病虫害方面，有许多种方法，但主要还是以化学防治法为主。然而由于化学农药长期、过量和不合理使用，常常会引起人畜中毒、杀伤天敌，不仅造成了环境污染，还破坏了生态平衡；土壤中还会有大量农药残留，因而使栽培的作物体内也会有农药残留，如果长期食用这种高农药残留的农作物，会对人体产生不良的影响。中药材本身就是治疗疾病的药物，如果其中所含农药残留超过规定标准，重金属含量也超过标准，将会严重影响中药材的使用效果。这一问题早已引起国内外广泛关注，并严格规定了农作物和食品中农药残留量和重金属含量。

《中华人民共和国药典》2015 年版已经把中药材农药残留问题作为药材质量的检验内容正式列入，并收载有机农药类残留量的测定方法，在甘草和黄芪两种药材项下规定了有机农药残留量的限度和方法。规定六六六（总 BHC）不得超过 0.2mg/kg，滴滴涕（DDT）不得超过 0.2mg/kg，五氯硝基苯（PCNB）不得超过 0.1mg/kg。

我国制定的《中药材生产质量管理规范》(GAP)中，也明确提出，在防治病虫害时，尽量少施用或不施用农药，以降低中药材的农药残留和重金属污染。

但栽培实践中，特别是在长期栽培过程中，植物必然要罹患病虫害，如果不进行防治势必会给生产造成极大的损失。为了解决这一问题，近年来国内外许多研究者和生产厂家从有毒植物提取物中，寻找农用杀虫剂，以减少化学农药带来的各种为害。目前，人们已发现某些植物中含有对昆虫特异性的杀虫活性物质。这些物质是：①使昆虫忌避和拒食的物质；②使昆虫不育的物质；③对昆虫具有麻痹作用的物质；④对昆虫具有熏杀作用的物质；⑤对昆虫具有内吸毒杀活性的物质。目前已经从理论研究转入实际应用。美国、德国、英国、日本、印度、俄罗斯、菲律宾、澳大利亚和缅甸等国家都很重视并进行了天然杀虫剂的研究，寻求天然、高小、低毒或无毒的新兴农药，防治农业、林业、卫生害虫，以保障农业丰收和人民健康。

利用植物做农用杀虫剂有许多优于化学农药的优点，其在空气中容易分解，无积蓄、无污染，昆虫不易产生抗药性，而且有些植物性农药还有刺激农作物生长的功效。在生产上，由于原料来自植物，成本相对较低，制作工艺也比较简单。因此，植物性农药已成为人们研究的重点。

我国研究和利用植物性农药防治病虫害也有悠久历史。从《周礼》到《本草纲目》均有记载，如利用烟草、侧柏叶、雷公藤、狼毒等植物防治蚜虫及其他害虫。早在1958年我国就完成了《中国土农药志》，书中收集了522种土农药，其中植物性农药有220种。据不完全统计，目前我国植物性农药有297种。国内外应用较多的植物性农药有鱼藤、除虫菊等。例如，我国近年来由楝树皮中提取的天然农药“蔬果泽”，已投入批量生产。它一反化学农药的常规，通过引起害虫拒食、发育迟缓等生理变化，能有效地杀死200多种农作物害虫，而对人畜、害虫天敌和周围环境安全无毒。又如，从一种叫作苦参的植物中提取的苦参素制成植物杀虫剂，经试验证明用苦参素杀虫剂1000倍液喷雾，对蚜虫、菜青虫防治效率为90%以上，明显优于化学杀虫剂。再如，利用废次烟叶生产的“毙蚜丁”对蚜虫的毒力是氧化乐果的3.18倍，而且对蚜虫的天敌——七星瓢虫没有任何毒害。

目前在防治黄芪病虫害方面，尚没有专用的植物性农药。这里仅介绍几种常用植物性农药，读者在防治黄芪病虫害时不妨一试。

1. 臭椿叶制剂

臭椿叶 10 公斤，加水 30 公斤，熬煮 30 分钟，去滤液做农药，进行喷洒。可防治蚜虫和菜青虫等。

2. 桑叶制剂

桑叶 10 公斤，加水 50 公斤，熬煮 30 分钟，制成原液，使用时每公斤加水 3 公斤，进行喷洒。可防治红蜘蛛和蚜虫。

3. 乌柏叶制剂

把 10 公斤乌柏叶捣烂后加水 50 公斤，浸泡 24 小时，过滤后喷洒。可以防治蚜虫等。

4. 大蒜制剂

取大蒜 1 公斤，加少许水捣烂成泥状，加水 5 公斤做农药，进行喷洒。可用于防治棉铃虫、象鼻虫、菜青虫、蚜虫等。

5. 银杏制剂

长期以来，银杏采收后其外种皮由于有恶臭气味而大量废弃，不但污染了环境，而且其资源也没有得到充分利用。经人们对其毒性进行研究表明，其有较强的杀虫和灭菌作用。用 100 倍银杏外种皮乙醇提取液可对一些果树的炭疽病、果腐病有明显的抑制作用。用 20 倍银杏外种皮乙醇提取液对尺蠖、蚜虫、菜青虫，棉铃虫、黏虫等 11 种害虫有明显的杀虫效果。因此，银杏制剂可以作为黄芪病虫害的植物性制剂。

第六节　黄芪商品和加工炮制

一、商品种类和规格

1. 黄芪商品一般特征

黄芪商品为干燥根，一般呈圆柱形，极少有分枝，上端较粗下端较细，两

端平坦，长 20 ～ 70 厘米，直径 1 ～ 3 厘米。一般在顶端有较粗大的根头，并有茎基残留，表面灰黄色或淡棕褐色，全体有不整齐的纵皱纹或纵沟，皮孔横向细长，略突起，质硬而略韧，坚实有粉性，折断面纤维性强，呈毛状。皮部黄白色，有放射状弯曲的裂隙，较疏松；木质部淡黄色至棕黄色，也有放射状弯曲的裂隙；如若是老根，断面木质部呈黑褐色枯朽状，甚至脱落成空洞，气微而特异，味微甜，嚼之有豆腥味，以根条粗大，质坚而绵软不易折断，断面黄色，有菊花心，粉性大，味甜，无黑心、空心者佳。

2. 商品种类

商品黄芪分为野生品和栽培品。

野生黄芪因产地不同而有不同的名称。内蒙古自治区武川县等地的野生黄芪称“红蓝芪”“正口芪”；山西省产的野生黄芪称为“太原芪”；黑龙江省产的黄芪分别称为“卜奎芪”（产于齐齐哈尔一带）和“宁古塔芪”（产于宁安市）。

栽培的黄芪产于山西的称为“原生芪”。当把黄芪从地中挖出后，去净残茎、根须，切下芦头，抖净泥土，再进行晾晒至半干，堆积 1 ～ 2 天再晒，待晒至七八成干时，剪去须根和侧根，扎成小捆，再晒至全干，即为生黄芪。栽培的黄芪用沸水撩过的，当地称其为熟芪。

目前，商品黄芪主要按商品性状、原植物来源及产区分为黑皮芪和白皮芪两种。

黑皮芪：根成圆柱形，长 30 ～ 60 厘米，直径 1 ～ 3 厘米，带芦头。上端粗，下端细，有少数支根和细根；表面黑褐色，有纵皱纹或半螺旋状皱纹；皮松，质坚体轻，折断面显纤维性，切断面皮部黄白色，木质部鲜黄色，有菊花心。味甜，嚼之渣少。主产于黑龙江、吉林，其次为辽宁、河北、陕西、甘肃、内蒙古等省区。

白皮芪：根呈圆柱形，长 70 ～ 160 厘米，直径 1 ～ 4 厘米，带芦头，表面土黄色，微有纵皱纹和麻点，皮细，网纹不明显，断面有菊花心，质坚硬而重。味甜，有豆腥味，嚼之渣多。主产于山西、内蒙古，其次为陕西等省区。

黑皮芪和白皮芪均以条粗长、菊花心明显、空洞小、破皮少者为佳。

3. 规格

目前，在商品规格上，一般不再细分为黑皮芪和白皮芪，同时对野生黄芪和栽培黄芪制定了统一的等级规格标准。其规格标准如下。

①特等：圆条形，单条。斩去疙瘩头，顶端间有空心，表面灰白色或淡褐色。质硬而韧，断面外层白色，中间淡黄色或黄色，有粉性，味甘，有豆腥味。长 70 厘米以上，上中部直径 2 厘米以上，末端直径不小于 0.6 厘米。无须根，老皮，霉蛀。

②一等：圆条形，单条。斩去疙瘩头，顶端间有空心，表面灰白色或淡褐色。质硬而韧，断面外层白色，中间淡黄色或黄色，有粉性，味甘，有豆腥味。长 50 厘米以上，中上部直径 1.5 厘米以上，末端直径不小于 0.4 厘米。

③二等：圆条形，单条。斩去疙瘩头，顶端间有空心，表面灰白色或淡褐色。质硬而韧，断面外层白色，中间淡黄色或黄色，有粉性，味甘，有豆腥味。长 40 厘米以上，中上部直径 1 厘米以上，末端直径不小于 0.4 厘米。

④三等：圆条形，单条。斩去疙瘩头，顶端间有空心，表面灰白色或淡褐色。质硬而韧，断面外层白色，中间淡黄色或黄色，有粉性，味甘，有豆腥味。长短不分，中上部直径 0.7 厘米以上，末端直径不小于 0.3 厘米。

出口规格要求如下。

（1）原生芪

根粗壮顺直、表面为土黄色，皮细、质坚、粉性足。木质部浅黄色，无芦头，无断条碎条。无毛须疙瘩及节子。

①一等：头部斩口下 3.5 厘米处，根直径应在 2 厘米以上，根的长度 18 厘米以上。

②二等：头部斩口下 3.5 厘米处，根直径应在 1.5 厘米以上至 2.0 厘米，根的长度在 18 厘米以上。

③三等：头部斩口下 3.5 厘米处，根直径应在 1.0 厘米以上至 1.5 厘米，根的长度在 18 厘米以上，允许有直径 0.5 ～ 1.0 厘米的不超过 10%。

（2）黑皮芪

根的外皮应染成黑色，无枝杈，顺直、粉性足，口面平正（不得有马蹄形），内部颜色新鲜，黄白色或淡黄色，无虫蛀及破伤。

①一等：直径在 1.5 厘米以上，根的长度应为 18 ～ 70 厘米。

②二等：直径在 1.2 ～ 1.4 厘米，根的长度应为 18 ～ 70 厘米。

③三等：直径在 1 厘米以上（不包括 1 厘米），根的长度应为 18 ～ 70 厘米。

④四等：直径在 1 厘米，根的长度应为 18 ～ 70 厘米。

二、伪品及其鉴别

黄芪商品中往往会有伪品掺入。出现伪品的原因有以下几种情况：第一种情况是在采挖野生药材时，由于采挖者不熟悉黄芪，而误把其他植物作为黄芪采挖。第二种情况则是一些不法商贩有意把伪品掺入，或把其他植物的根经过加工做成伪品。例如，有些商贩把棉花的根，切成片，再在黄芪水中浸泡晾干后，冒充黄芪饮片。下面介绍几种目前混在黄芪中的伪品。

1. 圆叶蜀葵

圆叶蜀葵是锦葵科植物，和黄芪完全不是一种植物，它们的地上部分很易区别，但地下部分，圆叶蜀葵的根则和黄芪有些相似，容易混淆。

圆叶蜀葵是多年生草本植物，茎匍匐生长，具粗毛，叶为单叶，具长柄，圆肾脏形，钝五浅裂，叶齿缘细钝，花簇生于叶腋，具细梗，花瓣5片，离生，浅蓝紫色或呈白色，花瓣倒心形，夏季开花，果实为蒴果。圆叶蜀葵的根采回干燥后，常误作为黄芪。

根的特征为：根圆柱形，表面浅灰黄色或黄色，有纵皱纹。横断面皮部色白，木质部淡黄色，皮部有纤维，根不易折断，味甘。

2. 紫苜蓿

紫苜蓿也是豆科植物，其地上部分很容易和黄芪区别，但其地下部分往往误作为黄芪。

紫苜蓿也是多年生草本植物，根长，黄褐色，茎直立，多分枝，近于光滑，叶为复叶，但小叶为3片，小叶椭圆形，倒卵状长圆形或倒卵状披针形，长7～25毫米，宽3～8毫米，先端截形，有短尖头，基部圆形，仅先端及上部有少数锯齿，背面有柔毛。花亦为腋生总状花序，长3厘米，有小花8～25朵，花冠紫色，荚果螺旋形，无刺，很少有毛，成熟时黑褐色，先端有喙，不开裂，这一点和黄芪有明显的区别。每个荚果中有种子3～4个。

根的特征为：根圆柱形，上部有时有地上茎残基，长10～50厘米，分枝极多，表面灰棕色至红棕色，皮孔少，且不明显。横断面皮部色白，木质部淡黄色，皮部有纤维，根不易折断，味甘。

3. 草木樨

草木樨地上部分很容易和黄芪混淆，但仔细观察，它们还是有明显区别的。

草木樨为二年生草本植物，茎直立，高 60 ～ 90 厘米，多分枝，无毛。叶为复叶，由三小叶组成，小叶椭圆形或倒披针形，长 1 ～ 3 厘米，宽 6 ～ 15 毫米，先端钝形，基部楔形，边缘具疏牙齿，两面无毛，花黄色，下垂，成腋生总状花序，荚果卵形，长 3 毫米，无毛，表面有网状纹，含种子 1 枚。

根的特征为：根圆柱形，头部较大，常有 2 ～ 10 个地上茎残基，长 10 ～ 50 厘米，分枝多，表面黄白色，有明显纵皱纹及皮孔，质韧不易折断；横切面皮部灰白色至灰黄色，约占横切面的 1/4，木质部白色，味苦而后稍甜。

4. 刺果甘草

目前，在药材市场上，发现有人将刺果甘草的根冒充黄芪，甚至有些医疗单位在临床使用。刺果甘草的原植物外形和黄芪有些相似，但仔细看还是有区别的。

刺果甘草为多年生草本植物，高 1 米左右。主根及根茎粗壮直生，木质化，茎直立，基部木质化，茎及分枝上有棱。奇数羽状复叶，互生，有长柄，具 9 ～ 15 枚小叶。小叶披针形，宽披针形，长 2.2 ～ 4.0 厘米，宽 0.9 ～ 1.2 厘米，全缘，两面密被鳞片状小腺点。花序腋生，密集成头状的总状花序，花淡紫堇色，荚果卵形或椭圆形，成熟时褐色，密被细长刺，种子通常 2 枚，黑色。

根的特征为：根呈圆柱形，头部分枝较多，全体大多长 20 ～ 100 厘米；表面灰黄色至灰褐色，具不规则的纵皱纹、沟纹及稀疏的细根痕，皮孔横长微突起。质硬实难折断；横断面纤维性强，皮部占横切面的 1/5 ～ 1/4，灰白色，木质部淡绿黄色，气微，味苦较涩，嚼之微有豆腥味。

三、加工炮制

1. 黄芪饮片

一般应在新鲜时切制最为理想。如已是干品，则应取黄芪药材，拣净杂质，除去残茎和空心部分，分开大小枝条，洗净，捞出润透，上切片机切成厚片，干燥。黄芪饮片为类圆形或椭圆形厚片，表面黄白色，内层有棕色环纹及放射状纹理，外层有曲折裂隙，中心黄色。周边灰黄色或浅棕黄色，有纵皱

纹。质坚而韧。气微，味微甜，嚼之有豆腥味。

2. 蜜炙黄芪

取切好的黄芪片，淋入定量用开水稀释后的炼蜜，拌匀，稍闷润，至蜂蜜被吸尽后，置锅内，用文火炒至深黄色，有香气，不黏手时，取出摊开放凉后，收贮即可。每100公斤黄芪，用炼蜜25～30公斤蜜炙黄芪片，外形和黄芪片基本相似，但表面深黄色，有光泽，略带黏性，味甜，具蜜香气。

第七节　黄芪生产操作规程的制定

所谓“操作规程”是指各生产基地根据各自的生产种类、环境特点、技术状态、经济实力和科研实力，制订出切实可行的方法和措施。

中药材生产操作规程的制定是企业行为，制定出的各种中药材的生产操作规程是企业指导生产的主要文件，同时也是企业的研究成果和财富，是检查和认证及自我质量审评的基本依据，是一个可靠追溯系统，也是研究人员、管理人员及生产人员培训教材之一。

生产操作规程的制定应在总结前人经验的基础上，通过科学研究、技术实验来制定，并应经过生产实践检验证明是可行的。制定出的生产操作规程要具有科学性、完备性、实用性和严密性，同时还要在以后的实践中逐渐完善。

各种中药材的生产操作规程是由许多具体的规程体现出来的。目前许多中药材生产基地在制定各自的生产操作规程，但还缺乏统一的指南。为了帮助读者在今后黄芪的栽培和生产过程中学会制定生产操作规程，这里提出一些制定黄芪生产操作规程的建议，供读者制定规程时参考。

一、黄芪生产基地自然环境条件说明书

在该文件中，首先要说明选择种植黄芪的理由，如本地区是否为黄芪的适宜生长区，有无种植历史，在本地区种植是否可以保证黄芪的质量符合要求，最好能提出黄芪药材的质量资料。

在文件中还应简要介绍该基地的地形地貌、气候条件（这些资料可以从有关部门获得）。同时说明基地的土壤情况，包括土壤类型、土壤的理化分析，特别

要说明土壤中的农药残留量和重金属含量是否超过规定的标准。土壤检测标准按国家《土壤环境质量标准》(GB 15618—1995)进行，还应对基地的水质和大气进行评价，其检测应符合国家《环境空气质量标准》和《农田灌溉用水质标准》。

二、黄芪种子质量标准及操作规程

规程内要规定使用种子的基源(即使用的是哪种黄芪，是蒙古黄芪还是膜荚黄芪)、种子来源、种子的质量要求(包括：种子的形态特征、千粒重、发芽率、发芽势、含水量、纯度、净度)、贮存方法等。如果使用的种子不符合规定的要求，则不能使用。

三、黄芪整地操作规程

规程内应包括：整地方式如台田或垄作等，整地的规格如垄距、台田的规格等，秋翻地的深度，基肥的施用(肥料种类、亩施肥数量)。

四、黄芪播种操作规程

规程内应规定以下方面：种子处理(黄芪的种子是硬实性种子必须进行播种前种子处理，应详细说明种子处理的方法)、播种时间、播种方法、播种深度、播种数量等。

五、黄芪育苗移栽操作规程

规程内包括种子处理、播种时间、播种方法、播种深度、播种数量、亩保苗株数，种苗的分级标准(种苗的高度或达到移栽时，幼苗的形态指标)，种苗移栽的操作规程[移栽前幼苗的预处理、种植密度(株行距)、移栽方法、培土厚度、移栽时间，如需进行地膜覆盖，应详细说明覆盖的具体要求及覆盖方法等]。

六、黄芪施肥、灌溉及田间管理操作规程

规程内应包括土壤肥力测定，作为合理施肥的依据。肥料的种类、施肥量、施肥时间和次数，是否使用各种生长调节剂，如使用需指明使用的种类、

数量和使用时间和方法。由于中药材是一种比较特殊的农作物，它们对于肥料的要求，和其他的农作物（如粮食作物、蔬菜作物等）完全不同，因此应在进行试验的基础上，优选出最佳的施肥方案。同时还可以参考绿色食品生产中肥料使用准则的有关规定，结合中药材生产的具体情况并参考国际上药用植物生产的经验，制定出黄芪施肥的操作规程。

在灌溉管理方面，主要应制定出灌溉时间、次数和方法，特别是灌溉方法（如沟灌、浇灌、喷灌、滴灌等）对于灌溉质量有着重要的作用，应在科学实验的基础上提出。

在田间管理方面主要包括：间苗的时间、次数，间苗方法，株行距，亩保苗株数；中耕除草的次数、时间和方法，如用除草剂必须详细说明除草剂的性质，对栽培的植物有无危害和有无农药残留等。是否需要打顶，如需要进行，则必须说明打顶的时间和方法。

七、病虫害防治和农药使用操作规程

规程内应包括：黄芪在本地区病虫害的种类、出现频率、为害程度。这些项目需要在调查和查阅过去记录的基础上提出，作为进行病虫害防治的依据。特别是在大面积栽培一种中药材时，往往会出现不可预测的病虫害，因此这种调查是非常必要的，千万不能忽略。在规程中要规定使用农药的时间、数量和方法。要严格规定不能使用国家明令禁止使用的农药，并应规定检查土壤中农药残留和重金属的时间和方法，以确保生产的中药材符合要求。

八、中药材采收、产地加工操作规程

在规程内应包括 3 个方面：中药材的采收、中药材的产地加工、中药材的干燥。

①中药材采收。规程内要严格规定采收的年龄或采收期（不得因为商品短缺，价格上涨，就提前采收）、采收时间和方法。特别要在规程内规定采收药材的质量标准，以保证药材不受损伤。同时还要规定采收后从田间运送到加工地点的方法和要求。对黄芪来说，由于它的根系较深，因此在制定采收规程时，必须明确提出其最低长度，以保证药材符合商品规格。

②中药材产地加工。对于黄芪来说，产地加工的要求比较简单，主要是提

出对黄芪根的修整，例如，如何去掉芦头，扎捆或扎把的具体要求等。

③中药材干燥。黄芪根采收后，由于水分含量较高，必须进行晾晒，在规程内应规定用什么方法进行干燥（日晒、阴干等）、干燥程度（含水量的要求）。

九、包装、贮藏、运输操作规程

目前中药材的包装方法和使用的包装材料比较原始，而且大多数是使用麻袋、竹筐或柳条筐包装，很少使用纸箱进行规格化包装，严重影响了药材的质量和出口。为此在规程内必须明确规定包装的材料和规格、装箱的方法，并应在箱内附上说明（包括品名、重量、规格、装箱日期、装箱人等），以确保每箱都有责任人，以便于检查和事后追查。

中药材贮藏和运输对中药材的质量有重要的影响，但过去人们往往忽略了这个问题。因此在规程中应有详细的规定，以确保药材的质量。在制订具体的方案时，可参考药品包装和贮藏及运输的有关规定。

十、黄芪生产基地生产设施及装备操作规程

规程内应对基地内的各种生产设施，如工具库、农药库、农机具及其他装备，做出详细的规定。要明确责任人、保管和维护的要求和方法，使用时的要求和检查。特别是一些设备，如喷雾器等，如果没有严格的制度，不但会过多地消耗设施和设备，而且会严重影响中药材的质量。

十一、黄芪生产基地人员培训操作规程

为了保证黄芪栽培技术统一和更好地执行操作规程，必须定期对基地的生产人员进行培训。特别是在基地中往往会雇用一些临时工，更应该对他们进行培训。因此，应在规程内制定管理人员、技术人员和技术工人的培训内容、培训时间和方法，所要达到的要求，以及对基地的正式工作人员的考核，并应制定各个岗位的岗位责任制。

十二、黄芪生产基地文件记录操作规程

规程内应明确规定文件的种类、名称及各个文件的具体要求，最好把每种文件的表格也写在规程内。中药材的生产全过程均应详细记录，包括种子的来

源、生产技术与过程，黄芪的播种（时间、量及面积）、育苗、移栽、肥料（种类、施用时间、施用量和施用方法）、农药（包括杀虫剂、杀菌剂及除锈剂的种类、施用量、施用时间和方法等），黄芪采收（采收时间、采收量、鲜重）、加工、干燥、产量（干燥重量）、运输、贮藏等，气象资料及小气候的记录等，药材的品质评价，药材性状及各项检测的结果。所有原始资料必须存档，至少保存5年。下面以黄芪栽培档案（表1.4）为例来说明。

最后要特别指出，黄芪生产操作规程是黄芪生产过程中的具体操作文件，因此在规程内不能也不需要进行任何解释和说明，全部解释都在各项起草说明中进行。生产操作规程的初次制定，应在生产实践中加以总结，并经过科学分析后制定。在制定后，需要在新的试验基础上，不断加以修改、补充和完善。在大面积生产田中，仍然可以按照以前制定的规程进行生产，同时必须建立一定面积的试验田，进行各种影响黄芪生长发育和产品质量的有关因素进行试验和研究，以便使黄芪的生产操作规程更加科学、合理。

表1.4　黄芪栽培田间管理档案

<table>
<tr><td>种别</td><td></td><td>种子来源</td><td></td><td>地形</td><td></td><td>土壤类型</td><td></td></tr>
<tr><td>千粒重</td><td></td><td>发芽率</td><td colspan="2"></td><td>种子处理</td><td colspan="2"></td></tr>
<tr><td>播种日期</td><td></td><td>播种方法</td><td colspan="2"></td><td>亩播量</td><td colspan="2"></td></tr>
<tr><td>栽培方式</td><td></td><td>行距</td><td colspan="2"></td><td>株距</td><td colspan="2"></td></tr>
<tr><td rowspan="2">田间管理</td><td>第一年</td><td colspan="2">第二年</td><td colspan="4">第三年</td></tr>
<tr><td></td><td colspan="2"></td><td colspan="4"></td></tr>
</table>

续表

<table>
<tr><td rowspan="3">防治病虫害</td><td>项目</td><td colspan="2">第一年</td><td colspan="3">第二年</td><td>第三年</td></tr>
<tr><td>为害种类、情况、程度</td><td colspan="2"></td><td colspan="3"></td><td></td></tr>
<tr><td>防治措施和结果</td><td colspan="2"></td><td colspan="3"></td><td></td></tr>
<tr><td rowspan="2">收获</td><td>日期</td><td>收获量</td><td>方法</td><td>根产量</td><td>鲜重</td><td>干重</td><td>收获方法和日期</td></tr>
<tr><td></td><td></td><td></td><td></td><td></td><td></td><td></td></tr>
<tr><td>鞭杆芪数</td><td colspan="3"></td><td colspan="2">鸡爪芪数</td><td colspan="2"></td></tr>
<tr><td rowspan="4">经济效益分析</td><td>种子费</td><td>肥料费</td><td>机耕费</td><td>农药费</td><td>全年用工量及费用</td><td>其他</td><td>总计</td></tr>
<tr><td></td><td></td><td></td><td></td><td></td><td></td><td></td></tr>
<tr><td colspan="2">产品等级</td><td colspan="2">经济收入</td><td>盈亏情况</td><td colspan="2">其他</td></tr>
<tr><td colspan="2"></td><td colspan="2"></td><td></td><td colspan="2"></td></tr>
</table>

第二章 黄 芩

第一节 概 述

黄芩（*Scutellaria baicalensis* Georgi）为唇形科植物，以根入药，别名黄金茶、山茶根、烂心草、空心草、魁芩、子芩、条芩、枯芩等。药材名黄芩。

黄芩性寒味苦，有清热燥湿、泻火解毒、止血安胎等功效，主治温病发热、肺热咳嗽、湿热痞满、泻痢、黄疸、高热烦渴、胎动不安等病症。

现代医学研究证明，黄芩具有解热、镇静、降压、利尿、降低血脂、提高血糖、抗炎、抗变态及提高免疫等功能，具有较广的抗菌谱，对痢疾杆菌、白喉杆菌、铜绿假单胞菌、葡萄球菌、链球菌、肺炎双球菌及脑膜炎球菌有作用，对多种皮肤真菌和流感病毒亦有一定抗菌和抑制作用。此外，还能消除超氧自由基、抑制氧化脂质生成及抑制肿瘤细胞等抗衰老、抗癌作用。

正品为《中华人民共和国药典》2015 年版（一部）中收载的黄芩，山西、陕西、甘肃、山东、河北等省为黄芩的道地产区。

20 世纪 80 年代之前，我国野生黄芩资源较为丰富，主要靠挖取野生黄芩供药用。

经过 20 多年系统研究，黄芩种子萌发出苗、现蕾开花习性、地上地下器官的干物质积累和分配、主要有效成分——黄芩苷动态积累等生长发育习性与规律、主要栽培措施对黄芩生长发育及产量品质的影响效果及实现黄芩高产、优质、低耗、高效的规范化栽培技术体系已基本探明。但黄芩资源研究，尤其是新品种选育工作则进展缓慢，难以适应今后黄芩生产发展的需要，这将成为今后黄芩研究的主攻目标。

一、形态特征

黄芩（图 2.1）是多年生草本植物，高 30 ～ 80 厘米。主根粗壮，略呈圆锥形，外皮褐色，断面鲜黄色。茎钝四棱形，具细条纹，无毛或被上曲至开展的微柔毛，绿色或常带紫色，自基部分枝，多而细。叶交互对生，无柄或几乎无柄，叶片披针形至线状披针形，长 1.5 ～ 4.5 厘米，宽 3 ～ 12 毫米，先端钝，基部近圆形，全缘，上面深绿色，无毛或微有毛，下面淡绿色，沿中脉被柔毛，密被黑色下陷的腺点。

总状花序顶生或腋生，偏向一侧，长 7 ～ 15 厘米；苞片叶状，卵圆状披针形至披针形，长 4 ～ 11 毫米，近无毛；花萼二唇形，紫绿色，上唇背部有盾状附属物，果时增大，膜质；花冠二唇形，蓝紫色或紫红色，上唇盔状，先端微缺，下唇宽，中裂片三角状卵圆形，宽 7.5 毫米，两侧裂片向上唇靠拢，花冠管细，基部膝曲；雄蕊 4，稍露出；子房褐色，无毛，4 深裂，生于环状花盘上，花柱细长，先端微裂。小坚果 4，卵球形，长 1.5 毫米，径 1 毫米，黑褐色，有瘤。

花期为 6—9 月，果期为 8—10 月。

图 2.1 黄芩原植物（自郭巧生）

1. 植株 2. 根 3. 花 4. 果实

二、资源分布

黄芩属植物全世界共有300多种，广布世界各地，据《中国植物志》记载，我国黄芩属植物有102种，50变种。《新华本草纲要》中收载其药用种类26种。但古今本草皆以黄芩的干燥根供正品药用。

黄芩广布于我国东北、华北北部和内蒙古高原东部，东经110°～130°、北纬34°～57°范围内，内蒙古、黑龙江、吉林、辽宁、山西、山东、河南、河北、陕西、甘肃、宁夏等省区均有分布。主产于河北、辽宁、陕西、山东、内蒙古、黑龙江等省区，尤以河北北部产者为道地，俗称“热河黄芩”，颜色愈黄，品质愈佳。

在不同的地区同属的黄芩，可以作为黄芩的代用品，例如，吉林、内蒙古、山东、河北等地区常把粘毛黄芩（*S. viscidula* Bge.）作为黄芩的代用品，甘肃常把甘肃黄芩（*S. rederana* Diels）当作黄芩的代用品，其他省份当作黄芩代用品的还有滇黄芩（*S. emoena* C.H.Wright）、连翘叶黄芩（*S. hypericifolia* Levl.）、丽江黄芩（*S. likiangensis* Diels）等。

三、化学成分和功效

1. 化学成分

主要有效成分有黄芩苷、黄芩素、汉黄芩苷、汉黄芩素、黄芩新素、黄芩黄酮Ⅰ、黄芩黄酮Ⅱ等，其中，黄芩苷为2015年版《中华人民共和国药典》规定的指标成分。

自1910年分离出黄酮类成分黄芩素至今已经分化出100余种化合物，其中，以黄酮类化合物为主，二萜类化合物次之。黄芩还含有萜、有机酸、微量元素和酶等几大类化合物。目前，从黄芩中分离出黄芩苷、汉黄芩苷、汉黄芩素、黄芩素等黄酮类化合物及苷元约40种。

黄芩中也含有丰富的微量元素，如作为多种酶活化中心的铁、铜、锌、锰含量均很高，而铅和镉的含量都很低。此外，黄芩中也存在β-谷甾醇、黄芩酶、苯甲酸、淀粉挥发油、黄芩细淀粉等物质。

2. 药理作用

黄芩性寒味苦，具清热、泻火、止血、安胎、抑菌、抗炎、降压等功效，主治瘟病发热、肺热咳嗽、肺炎、湿热黄疸、肝炎、痢疾、胎动不安等症。

(1) 抗菌、抗病毒

黄芩临床具有抗菌、抗病毒作用。黄芩苷在体外有通过抑制白念珠菌的DNA等生命物质的合成进而导致菌细胞不能进行正常生命活动而死亡。不同种质黄芩作用效果不同，黄芩药效的发挥是各种化合物共同作用的结果。

(2) 抗炎

利用黄芩茎叶总黄酮可抑制炎症病变和炎症后期变化。黄芩苷对多种常见眼科疾病均有不同程度的抑菌作用。同时，黄芩还对皮肤科中皮肤粗糙、瘙痒等炎症有治疗作用。

(3) 抗肿瘤

黄芩苷、黄芩素、黄芩茎叶总黄酮及野黄芩苷均可抑制肿瘤细胞端粒酶活性和癌细胞的增殖。

(4) 抗氧化

黄芩药效成分中黄酮类化合物具有抗氧化特性，可利用黄芩黄酮的抗氧化作用防治白内障，黄芩黄酮还可防治由自由基引起的各种疾病。此外，还对神经系统、免疫系统、消化系统、心脑血管系统等起到积极作用。

四、市场需求和栽培经济效益

黄芩为传统大宗中药材之一，是我国重要药用植物资源，是“双黄连”“银黄”“三黄片”“清热解毒口服液”等中药产品的主要原料。由于黄芩药理的功效卓著，应用范围广，市场需求量大，野生黄芩遭到了掠夺性采挖，资源日益匮乏，已不能满足市场需求。药用植物引种驯化栽培，可以有效地缓解野生植物匮乏及继续采挖的状况，是保护各类药用植物资源质量和数量最有效的途径之一，所以人工栽培备受关注。随着以黄芩为主药的药品制剂品种的不断增多，其野生资源急剧减少，栽培黄芩逐步成为黄芩药材的主要商品来源。

第二节　黄芩生长习性和生长结构

一、生长发育

黄芩地上部分生长呈快—中—慢态势，6 月中旬以前株高、一级分枝快速生长属于营养生长阶段；6 月下旬至 7 月上旬二级分枝快速生长，花序陆续开花，开始生殖生长；7 月中旬枝繁叶茂，花序盛开，种子开始成熟。根部生长动态呈快—慢—快规律。黄芩苷含量 5 月中旬最高，黄芩素含量 6 月最高。

1. 种子萌发

黄芩种子发芽以 20℃为最适，黄芩要实现苗全、苗齐、苗壮、高产目标，一是要足墒播种，黄芩种子吸水率高，墒情差会影响出苗；二是温度要适宜，在 20℃时播种的发芽势、发芽率均高，出苗快、出苗齐、出苗率高，低于 15℃播种，则会造成出苗不齐、不全。

2. 叶片的生长发育规律

（1）叶片功能期（从叶片出现至枯黄的天数）

一年生黄芩下部第 1 ～第 15 枚叶片的功能期由 10 天逐渐增加到 50 天，上部第 15 ～第 30 枚叶片的功能期趋于稳定，维持在 50 ～ 54 天，功能期最长的叶片位于植株的上部；多年生黄芩第 1 ～第 11 枚叶片的功能期由 11 天增加到 61 天，第 11 ～第 38 枚叶片的功能期较稳定，维持在 61 ～ 65 天，功能期最长的叶片位于植株的中上部。叶片的平均功能期一年生黄芩为 44 天，多年生黄芩为 52 天。多年生黄芩由于根系已建成，所以比一年生黄芩的叶片生长快而且功能期也长。

（2）叶片的寿命（从叶片出现至脱落的天数）

与叶片功能期的规律基本一致。下部叶片随叶位上移而延长，中上部叶片较稳定，其中，一年生黄芩叶片寿命最短的为 20 天，位于基部，最长的为 57 天，位于上部，均寿命为 49 天。多年生黄芩叶片寿命最短的也在基部，为 2 天，最长的在中上部为 63 天，平均寿命为 55 天。多年生黄芩的叶片寿命长于一年生黄芩。

（3）叶片的出生速度

黄芩叶片的出生速度随温度升高而加快，同时也受根系大小的影响，其中，一年生黄芩在春季因温度低、根系小，5 ～ 6 天长出 1 片叶，夏季温度高，根系已长大，2～3天长出1片叶，平均2.6天长1片叶；多年生黄芩由于根系已建成，所以春、夏季的生长速度相近，一般1～2天长1片叶，平均1.76天长1片叶。黄芩叶片的生长速度为多年生快于一年生。

无论当年生还是多年生黄芩，第1～第15枚叶片为光合面积形成期，此部分叶片的功能期和寿命在逐渐加长，生长速度在逐渐加快，若在此期适当施用氮肥，可促进光合面积的迅速形成；第15枚叶片以后为光合面积保持期，此部分叶片的功能期、寿命、生长速度均较稳定，光合面积保持的时间长，这将有利于果实及根系的生长，若在此期追施磷钾肥，配合施用适量氮肥，可防止叶片早衰，促使叶片营养向果实和根系转移，提高产量。

3. 黄芩花、种子、果实的生长发育

黄芩出苗或返青后约在6月下旬至7月上旬现蕾，现蕾后约10天开花，开花后22天左右种子成熟，果实发育一般需41～43天。在承德黄芩开花的高峰在7月的每天凌晨4～6时，8月上旬后种子陆续成熟，这可为黄芩杂交育种提供帮助。

（1）出苗（或返青）到现蕾

当年生黄芩出苗后62天左右现蕾（5月6日出苗至7月7日现蕾），多年生黄芩返青后69～81天现蕾（4月6日返青，6月14日开始现蕾）。多年生黄芩现蕾略晚，在6月中下旬现蕾。

（2）现蕾到开花

当年生黄芩现蕾后9.7天开花，其中，主茎及第1～第3分枝为8～9天开花，第4～第6分枝为11天开花，上部分枝略长于下部分枝；多年生黄芩主茎与分枝开花所需天数相近，分别为9.5天和9.8天。

（3）黄芩花的发育及开花顺序

黄芩为总状花序，花偏生于主茎或分枝顶端的一侧，花对生，每个花枝有4～8对花。花唇形、蓝紫色，每朵花长2.6～3.0厘米，最大直径为1厘米。每天凌晨1～7时陆续开花，以4～6时为开花盛期。开花后2～4小时散粉，4～5天花冠脱落。同一株以主茎先开花，再按主茎—上部分枝—下部分枝的顺序依次开放。同一花枝则从下向上依次开放。

（4）黄芩果实发育时间

当年生主茎与分枝分别为38.4天和40.5天。多年生主茎和分枝分别为40.3

天和 42.5 天，仍为分枝略长于主茎，多年生长于当年生。

4. 黄芩地上与地下部分生长发育规律

黄芩 8 月中旬前以地上生长为主，8 月下旬至 9 月上旬为以地上生长为主转入以地下生长为主的过渡时期，9 月上旬以后转入以地下根系生长为主。黄芩以根在地下越冬，次年 4 月开始重新返青生长，5—6 月为茎叶生长期，10 月地上部分枯萎。

5. 黄芩根系生长发育规律

黄芩为直根系，主根在前 3 年生长正常，其主根长度、粗度、鲜重和干重均逐年增加，主根中黄芩苷含量较高。其中，第一年以生长根长为主，根粗、根重增加较慢；第二、第三年则以根粗、根重增加为主，根长增加较少；第四年以后，生长速度开始变慢，部分主根开始出现枯心，以后逐年加重，八年生的家种黄芩几乎所有主根及较粗的侧根全部枯心，而且黄芩苷的含量也大幅降低，说明黄芩并非生长年限越长越好。

二、物候期

黄芩始花期在 6 月 19 日至 6 月 25 日，时期分为播种期、出苗期、第一真叶期、幼苗期、生长期、孕蕾期、始花期、盛花期、结果期及枯萎期（表 2.1）。

表 2.1　黄芩物候期观察记录

株龄		年降水量		年积温	
物候期	日期		情况		
播种期 （返青期）					
出苗期					
第一真叶期					
幼苗期					
生长期					
孕蕾期					

续表

物候期	日期	情况
始花期		
盛花期		
结果期		
枯萎期（收获期）		
备注		

三、生态条件对药材质量的影响

植物在长期适应环境过程中，通过调控次生代谢产物的积累，抵抗生物、物理、化学等环境胁迫。环境因子是影响药用植物次生代谢产物的首要因素。

黄芩中不同次生代谢产物受到不同种类生态因子影响的大小不同，同种生态因子对不同次生代谢产物影响也不同，多数次生代谢产物与纬度呈负相关，黄芩中化学成分总体呈现低纬度地区黄芩苷等 21 种化学成分含量高于高纬度地区的趋势，而与温度呈正相关，高温有利于黄芩中多数次生代谢产物的积累。

不同黄芩中不同次生代谢产物对不同生态因子的响应差别很大，而各种生态因子对黄芩次生代谢产物的积累的影响及强度也各不相同。

（1）温度

温度是种子萌发与植株生长发育的条件之一，黄芩种子萌发适温为 20℃，温度对不同物质合成积累的影响是不同的。适合种子萌发的温度，次生代谢活动并不是最旺盛的，过高过低温度下，次生代谢活动也比较低。

（2）光

光是植物进行光合作用的能量来源，光合作用是中药材产量与质量形成的基础。光照可促进叶绿素合成使其含量提高，进而影响到初生物质和次生物质的合成与积累，决定着黄芩种苗的形态建成。高光强、长光照增加了种苗根直径、根鲜重、叶片面积、叶片鲜重、可溶性糖含量。光照促进了光合色素的形成，提高了光合作用，促进了初生物质的合成，也为次生代谢活动加强创造了有利条件。

（3）水分

水分也是植物种子萌发和生长发育的重要影响因子，只有在适当水分条件下，种子萌发和植株生长发育才能正常进行。随着干旱胁迫增强，黄芩植株叶片比叶重和叶绿素含量不断降低，而渗透调节物质脯氨酸和可溶性糖的含量却不断升高，表明黄芩植株可以通过渗透物质调节来阻止或缓解干旱胁迫造成的伤害；根、茎和叶中次生代谢物质黄芩苷含量变化不一致，根中的黄芩苷的含量不断上升，茎和叶中黄芩苷含量在前期的胁迫下不断升高，但当重度胁迫时则呈下降趋势，说明脯氨酸和可溶性糖与黄芩的抗旱性密切相关，适度干旱有利于其次生物质含量的提高。黄芩植株体内次生代谢在抵抗干旱胁迫时发挥作用，但这种作用的发挥有一定限度，当植株生命受到干旱胁迫的威胁时，次生代谢就不再能发挥抵抗逆境的作用，表现为代谢强度下降。

（4）营养元素

植物正常生长发育需要各种必需元素的及时补充，其中，N、P、K 作为肥料三要素，植株需求量大，在药材生产中最容易缺乏而影响药材产量与质量。施肥是生产中提高药材产量最常采取的措施，黄芩植株对 N、P、K 等大量元素非常敏感，施用 N、P、K 增加了黄芩植株叶片叶绿素含量及根部可溶性糖含量，根部苯丙氨酸解氨酶、肉桂酸羟化酶和查尔酮合成酶活性增强，黄酮类次生物质含量有所提高。

第三节　黄芩生物学特性

一、对气候条件要求

黄芩喜阳较耐阴，喜温和气候，耐严寒较耐高温，多野生于山坡、地堰、林缘及路旁等向阳较干燥的地方，在中温带山地草原常见于海拔 600 ～ 1500 米向阳山坡或高原草原等处，林下阴湿地少见。黄芩种子发芽的温度范围较宽，15 ～ 30℃均可正常发芽；10℃亦可发芽，但发芽极为缓慢，持续 30 天方能达半数发芽；发芽最适温度为 20℃，此时发芽率、发芽势均高。适宜黄芩的生态环境一般为年太阳总辐射量在 460 ～ 565 焦耳 / 平方厘米，以 120 焦耳 / 平方厘米为适宜；年平均气温 −4 ～ 8℃，最适均温为 2 ～ 4℃，成年植株的地下部分在 −35℃低温下仍能安全越冬，35℃高温不致枯死，但不能经受 40℃以上的持续高温；年降水量 400 ～ 600 毫米为宜；黄芩喜温暖，耐严寒，地下部分可忍受 −30℃的低温。

二、对土壤条件要求

黄芩适宜生长在阳光充足、土层深厚、肥沃的中性和微碱性壤土或沙质壤土环境，或黏壤土的向阳山坡、山顶草地、丘陵坡地、林缘、林下、草原等地。土壤 pH 为 7 或稍大于 7 为宜，排水不畅地块不宜生长。过沙的土壤肥力低、保水保肥性差，不易高产。

三、对肥分要求

黄芩耐旱怕涝，耐瘠薄，在排水不良或多雨地区种植，生长不良，容易引起烂根。

黄芩田如图 2.2 所示。

图 2.2　黄芩田

第四节　黄芩栽培技术

一、选地和整地

黄芩栽培选择疏松、肥沃、有灌溉条件且土层深厚的沙壤地，宜单作种植，也可利用幼龄林果行间种植，提高退耕还林地的利用效率及其经济效益和生态效益。整地前每亩施腐熟厩肥2000～3000公斤，捣细撒于地内。深翻20～24厘米，深耕细耙，按90厘米宽做平畦，畦面要求细、平，开好排水沟。干旱时，应先向畦内灌水，蓄足底墒。无灌溉条件的山坡地可以不做畦。

二、繁殖方法

黄芩主要用种子繁殖，也可用扦插和分根繁殖。

1. 种子繁殖

（1）直播栽培

黄芩种子繁殖以直播为主，直播黄芩省工、根系直、根叉少、商品外观品质好。播种期分春播、夏播和冬播。春播在3—4月进行，夏播一般在7—8月进行，冬播在11月进行，以春播产量最高。无灌溉条件的地方，可选择雨水丰富的夏季播种。一般采用条播，按行距25～30厘米，开2～3厘米深的浅沟，将种子均匀播入沟内，覆土1厘米左右，播后轻轻镇压。每亩播种量0.5～1.0公斤，因种子细小，为避免播种不匀，播种时可掺5～10倍细沙混匀后播种。播后及时浇水，经常保持表土湿润，如土壤湿度适中，15天左右即可出苗，干旱地区雨季播种5～7天出苗。黄芩种子很小，播种时覆土又不能太厚，常因土壤干旱或表土不平而出苗不全，造成连片缺苗断垄。黄芩直播栽培的关键环节是如何保证苗全、苗壮。因此，整地要深耕细耙，地平土细；播种时如过于干旱，播后要及时浇水，苗出全前和苗后一段时间内都要经常保持土壤湿润；播种时最好进行催芽处理，以缩短出苗时间，但催芽的种子应播在墒情好的土壤，如土壤墒情不佳，出苗过程遇“卡脖子”旱，幼苗期后也会枯死。催芽时一般用40～45℃的温水将种子浸泡5～6小时，捞出放在20～25℃的条件下保湿，每天用清水淋洗2次，待大部分种子胚芽萌动后即可播种。干旱地区，春季播种可用塑料薄膜覆盖留湿保墒。

（2）育苗移栽

黄芩采用育苗移栽，可节省种子，延长生长季节和利于确保全苗，但育苗移栽较为费工，同时移栽黄芩主根较短，根杈较多，商品外观品质较差。所以，在种子昂贵或旱地缺水直播难以出苗保苗时可采用。育苗方法与上述直播法相似，选背风向阳的地块作为苗圃，一般于3月播种，每亩用种1.5公斤，注意保温、保湿，出苗后及时间苗，株距保持5厘米左右，加强肥水管理。移栽工作一般于次年春季土壤解冻后进行，移栽行距18厘米，株距9厘米，育苗面积和大田移栽面积之比一般为1:5，移栽完后灌透水1次，确保根系与土壤紧密接触，加速缓苗。

2. 扦插繁殖

扦插繁殖是一种优质高产的繁殖技术。用扦插育苗法栽植的黄芩，不但产量高，品质也好，有研究报道，扦插黄芩平均亩产可达385公斤，最高亩产712公斤，有效成分黄芩苷的含量高达13.4%，达到并超过了我国药典规定的黄芩苷含量不低于4%的要求。扦插成败的关键在于繁殖季节和取条部位。春、夏、秋季均可以进行扦插，但以春季5—6月扦插成活率高。植株正处于旺盛的营养生长期，剪取茎枝上端半木质化的幼嫩部分（茎的中下部作为插条成活率很低），剪成6～10厘米，再把下面2节的叶去掉，保留上面3～4片叶片。扦插基质用沙、沙掺蛭石或沙质壤土均可。按行株距10厘米 ×5厘米插于准备好的苗床，时间以阴天为好，晴天宜选上午10时以前或下午4时以后扦插，要随剪随插，保持扦条新鲜，插后浇水，并搭荫棚（荫蔽度50%～80%）遮阴，每天早晚浇水，水量不宜过大，否则易引起扦条腐烂，影响成活。插后40～50天即可移栽大田，株行距以15厘米 ×30厘米为宜。成活后雨季移栽，到冬前形成大苗，便可安全越冬。

3. 分根繁殖

分株可在收获时进行。采收时选取高产优质植株，切取主根留作药用，根头部分供繁殖用。冬季采收者可将根头埋在室内阴凉处，第二年春天再分根栽种。若春季采挖，可随挖随栽。为了提高繁殖数量，可根据根头的自然形状，用刀劈成若干个单株，每个单株留3～4个芽眼，再按株行距20厘米 ×30厘米栽于大田。分根繁殖成活率高，生长快，可缩短生产周期。山坡地采用此法

栽种成活率较高，栽后同一般管理。

三、田间管理

1. 幼苗期管理

在出苗期应经常保持土壤湿润，土干要及时浇水，利于幼苗出土。幼苗出土后，去掉覆盖的杂草，并轻轻地松动表土，保持地面疏松，下层湿润，利于根向下伸长。黄芩幼苗生长缓慢，出苗后应结合间苗、定苗、追肥及杂草生长和降雨、灌水情况，经常进行松土除草，直至田间封垄。幼苗长到 4 厘米高，浅锄 1 次，并间去过密的弱苗。当苗高 6 ～ 7 厘米时，育苗田按株距 6 厘米定苗，直播田按株距 12 ～ 15 厘米定苗，并对缺苗的地方进行补苗，补苗时一定要带土移栽，可把过密的苗移来补苗，栽后浇水。补栽时间要避开中午，宜在下午 3 时后进行。定苗后有草就除，旱时浇水，雨季注意防涝，地内不可积水。另外，科学追肥是实现黄芩高产、优质的重要物质基础，适时适量追施 N、P、K 化肥又是农业生产中最通用且简便易行的施肥技术。定苗后，进行第一次追肥，每亩施腐熟的人粪尿 500 公斤或尿素 3 ～ 5 公斤，于 6—7 月追施磷酸二铵 30 公斤。第二和第三年返青后施腐熟饼肥 40 ～ 50 公斤，6 月下旬封垄前施磷铵颗粒肥 30 ～ 40 公斤。施肥时应开沟施入，施后盖土并浇水。

2. 移栽后的管理

注意锄地松土，保持地内清洁，一般需中耕 2 ～ 3 次，中耕宜浅，不能伤根。黄芩抗旱能力强，遇严重干旱或追肥后，可适当浇水，一般不用浇水。黄芩怕涝，雨季要及时排除田间积水，以免烂根死苗，降低产量和品质。立夏以后，施土杂肥 1000 公斤 / 亩、草木灰 150 公斤 / 亩，混匀，在行间开浅沟施入，覆土盖平。以后经常锄草，保持地内无杂草。一般 6 月开花，可开到 9 月，种子成熟期不一致，且随熟随落，如收种子要及时采收，贮存备用，如不需收种子，可去掉花序，以利根部生长。

第二和第三年返青后和 6 月下旬封垄前各追 1 次腐熟的有机肥。开花期进行叶面喷肥，亩用磷酸二氢钾 0.6 公斤，分 3 次于晴天喷雾。

对于不采收种子的黄芩田块，于黄芩现蕾后开花前，选晴天上午，将所有花枝剪去，并分批进行，可减少黄芩地上部分养分消耗，促进养分向根部运输，提高黄芩产量。

3. 留种技术

黄芩一般不单独建立留种田。选择生长健壮、无病虫害的植株作为种株。黄芩花期长达2～3个月，种子成熟期很不一致，而且极易脱落，需随熟随收，最后可连果枝剪下，晒干收获种子，去净杂质备用。种子的质量要求是子粒饱满，大小均匀，色泽光亮，具原种优良特征，无病虫害，发芽率高，发芽势强，这样的种子播种后生长整齐，便于管理，并可减少田间杂草和病虫为害。

四、采收和产地加工

1. 采收

黄芩生长到 2 ～ 3 年便可采挖，但三年生鲜根和干根产量均比二年生增加 1 倍左右，商品根产量高出 2 ～ 3 倍，而且主要有效成分黄芩苷含量也较高，故以生长 3 年为收获最佳期。一般于秋末茎叶枯萎后或早春解冻后萌芽前采挖，因根长得深，要深挖，防止断根。

2. 产地加工

黄芩采收后，要抖去泥土，剪去茎叶，晒至半干，撞去外皮，再迅速晒干或烘干，也可切片后再晒干，但不可用水洗，也不可趁鲜切片，否则在破皮处会变绿色。晒半干剥去外皮，捆成小把，晒干或烘干，在晾晒时应避免在强光下曝晒，因曝晒过度会使黄变红。二年生、三年生的黄芩晒至半干时，每隔 3 ～ 5 天，用铁丝筛、竹筛、竹筐或撞皮机撞一遍老皮，连撞 2 ～ 3 遍，生长年限短者少撞，生长年限长者多撞。撞至黄芩根形体光滑，外皮黄白色或黄色时为宜。撞下的根尖及细侧根应单独收藏，其黄芩苷含量较粗根更高。同时还要防止被雨淋湿，因受雨淋后黄芩的根先变绿后变黑，都会影响质量。成品以坚实无孔洞、内部呈鲜黄色的为上品。一般 3 ～ 4 公斤鲜根可加工成 1 公斤干货，鲜货折干率为 30% ～ 40%。亩产干货 200 ～ 300 公斤，高者可达 380 公斤以上。

五、包装、贮藏和运输

1. 包装

黄芩一般用不易破损、干燥、清洁、无异味及不影响黄芩品质的麻袋包

装，也可采用瓦楞纸盒包装，具体规格可按购货商要求而定。在每件包装上，应注明品名、规格、产地、批号、包装日期、生产单位，并附有质量合格的标志。

2. 贮藏

黄芩包装后，应贮于干燥通风的地方，适宜温度30℃以下，相对湿度70%～75%，安全水分11%～13%。黄芩夏季高温季节易受潮变色和虫蛀。

防治方法：贮藏期间保持环境整洁；高温高湿季节前，按垛或按件密封保藏；发现受潮或轻度霉变时，及时翻垛、通风或晾晒。密闭仓库充氮气（或二氧化碳）养护，无霉变和虫害，色泽气味正常，对黄芩成分无明显影响。

3. 运输

运输工具或容器应具有较好的通气性，以保持干燥，应有防潮措施，并尽可能地缩短运输时间，同时不应与其他有毒、有害、易串味物品混装。

第五节　黄芩病虫害的防治

一、病害及其防治

黄芩主要病害有叶枯病、根腐病、白粉病及根结线虫病等。

1. 叶枯病

病原是真菌中一种半知菌，为害叶片。发病初期地上部叶片正常，根部出现褐色病斑，病斑上长有灰白色菌丝体，并黏结土粒覆盖在病斑上，以后从叶尖或叶缘向内延伸成不规则黑褐色病斑，逐渐向内延伸，并使叶片干枯，迅速自下而上蔓延，最后整株叶片枯死。

防治方法：冬季处理病残株，消灭越冬菌源；发病初期用50%多菌灵可湿性粉剂1000倍液或1:1:120波尔多液喷雾，每7～10天喷1次，连续2～3次。

2. 根腐病

土壤中的病菌侵染幼苗根部和茎基部，造成根部腐烂，严重时会在茎基部造成腐烂，形成水渍状或环绕茎基部的病斑，茎、叶因无法得到充足水分而下垂枯死。染病幼苗常自土面倒伏，造成猝倒现象，如果幼苗组织已木质化，则地上部表现为失绿、矮化和顶部枯萎，以致全株枯死。天气时晴时雨、高温高湿、植株生长不良、地下害虫活动频繁、土壤黏重、排水不良、施用未腐熟厩肥，均可加重此病发生。

防治方法：可用65%代森锌可湿性粉剂600倍液或50%多菌灵与80%代森锌1∶1的600～800倍液防治，还可及时拔除病株，并用5%石灰水消毒病穴。

3. 白粉病

黄芩白粉病主要为害叶片，发生普遍，但为害较小。发病初期叶面生白色粉状斑，严重时病斑连片，叶面被白粉覆盖。

防治方法：注意田间通风通光；用0.1%～0.2%可湿性硫黄粉喷施。

二、虫害及其防治

地老虎：为害轻时可于清晨日出前在被害植株处扒开土壤进行人工捕杀，成虫发生时于夜间采用灯火诱杀。

舞蛾：舞蛾以幼虫在叶背做薄丝巢，虫体在丝巢内取食叶肉，仅留下表皮，以蛹在残叶上越冬。防治方法：清理田园，处理枯枝落叶；发生期用90%敌百虫800倍液喷雾，每7～10天喷1次，连续喷治2～3次。

第六节 黄芩商品和加工炮制

一、药材性状特征

1. 栽培黄芩

一年生：主根长6～25厘米，纵皱纹宽度不超过0.5毫米，有须状侧根，其直径一般不超过0.3毫米，少数可达1毫米，根茎不明显（长度在0.5厘米以下）。二年生：长12～40厘米，纵皱纹最宽可达1～2毫米，同一个主根上可见直径超过0.3毫米的粗侧根，根上部横断面枯心极少见。三年生：根上部具

枯心。四年生：主根长 16 ～ 44 厘米，纵皱纹最宽可达 2 ～ 3 毫米；残留茎基中有 1 ～ 3 个枯朽；根上部有枯心，其面积占根横断面面积的 1/2 ～ 4/5。

2. 野生黄芩

一至四年生野生黄芩根无枯心，五年生及以上野生黄芩根上部可见枯心（二年以上生野生黄芩的生长年限用性状观察方法较难区分，需配合组织学观察）。

一至三年生栽培黄芩与野生黄芩性状有较大差别，四年生栽培黄芩与二年以上生野生黄芩外观性状比较相似，可根据主根形状、直径、色泽、表面粗糙程度易剥落栓皮的有无（不包括加工品）及分布纵皱纹是否明显及其宽度、根茎和顶端残留茎基的情况及根上部横断面枯心的有无等特征鉴别一至三年生栽培黄芩与野生黄芩。

二、商品种类和规格

古人使用黄芩已有枯芩、子芩规格之分，现今市场上流通的黄芩主要商品规格有芩王、条芩一级、条芩二级、末等品。

黄芩药材商品规格分选是根据药材外观性状，通过感官评价划分等级。各产地不同规格黄芩外观性状差异主要体现在药材直径、长度和枯心程度等方面。

①芩王：药材呈圆锥形，中部直径多在 1.8 厘米以上，长 14 厘米以上，表面呈棕黄色或棕褐色，有明显疣状细根痕，近根茎部分外皮粗糙，有不规则网纹或扭曲的纵皱纹，主根下部外皮有顺纹或细皱纹，质坚脆、断面深黄色或黄绿色，上部至下部断面的中心均可见棕褐色枯心。药材粉末呈深黄色至棕黄色。气微，味苦。

②条芩一级：药材呈圆锥形，中部直径多为 1.0 ～ 1.5 厘米，长 10 厘米以上，主根上端至药材中部中央间有棕褐色的枯心。一级药材粉末色泽亦呈深黄色至棕黄色，较芩王粉末色泽略浅。

③条芩二级：药材呈近圆锥形或长圆柱形，中部直径多为 0.4 ～ 0.8 厘米，长 4 厘米以上，有稀疏疣状支根痕，外皮稍细腻、有顺纹，一些药材顶部有少量枯心（内蒙古赤峰条芩二级，均可见枯心，且枯心可达药材上部 1 /4 处）。药材粉末呈淡黄色至黄色。

④末等品：直径 0.4 厘米以下，多为断条、芩尾，无枯心。药材粉末呈淡

黄色至黄色，较条芩二级粉末色泽略浅。《本草纲目》记载“宿芩乃旧根，多中空，外黄内黑”“子芩乃新根多内实”。“宿芩”即枯芩。

第七节　黄芩生产操作规程的制定

可参考黄芪生产操作规程制定。

第三章 党 参

第一节 概 述

党参，别名东党、台党、潞党。《中华人民共和国药典》2015 年版（一部）规定为桔梗科植物党参（*Codonopsis pilosula*（Franch.）Nannf.）、素花党参（*Codonopsis pilosula* Nannf.var.modesta（Nannf.）L.T.Shen）和川党参（*Codonopsis tangshen* Oliv.）的干燥根。

党参为常用传统补益药，味甘，性平，归脾、肺经，具有补中益气，健脾益肺之功效。党参有增强免疫力、扩张血管、降压、改善微循环、增强造血功能等作用，主治脾气虚弱所致的食少便溏、体倦乏力、肺气不足之咳喘气急、热病伤津、气短口渴、血虚心悸、健忘等症。此外，对化疗、放疗引起白细胞下降有提升作用。

党参因分布区域广、产地多，质量差异较大，但以山西潞党和台党、甘肃纹党、四川晶党、陕西凤党最著名，为道地药材。

党参历史源远流长、资源分布广泛。近年来，对党参的研究主要集中于不同产地之间的质量比较和规范化栽培技术的研究，规范化种植主要问题有种质资源的优化与保存，栽培方式的改进与规范，无公害栽培及药材农药残留、产地加工、经济效益低等，因此建立科学规范的栽培技术体系，进一步提高栽培产量及改进传统栽培加工方法将是今后研究的主要方向。

一、形态特征

党参（图 3.1）为多年生草本植物，有乳汁。茎基具多数瘤状茎痕，根常肥大呈纺锤状或纺锤状圆柱形，较少分枝或中部以下略有分枝，长 15～30 厘米，直径 1～3 厘米，表面灰黄色，上端 5～10 厘米部分有细密环纹。

茎缠绕长 1 ～ 2 米，直径 2 ～ 4 毫米，有多数分枝，侧枝 15 ～ 50 厘米，小枝 1 ～ 5 厘米，具叶，不育或先端着花，黄绿色或黄白色，无毛。叶在主茎及侧枝上的互生，在小枝上的近于对生，叶柄长 0.5 ～ 2.5 厘米，有疏短刺毛，叶片卵形或狭卵形，长 1.0 ～ 6.5 厘米，宽 0.8 ～ 5.0 厘米，端钝或微尖，基部近于心形，边缘具波状钝锯齿，分枝上叶片渐趋狭窄，叶基圆形或楔形，上面绿色，下面灰绿色，两面疏或密地被贴伏的长硬毛或柔毛，少为无毛。

花单生于枝端，与叶柄互生或近于对生，有梗。花萼 5 裂，贴生至子房中部，筒部半球状，裂片宽披针形或狭矩圆形，长 1 ～ 2 厘米，宽 6 ～ 8 毫米，顶端钝或微尖，微波状或近于全缘，其间湾缺尖狭；花冠上位，阔钟状，长 1.8 ～ 2.3 厘米，直径 1.8 ～ 2.5 厘米，黄绿色，内面有明显紫斑，浅裂，裂片正三角形，端尖，全缘；花丝基部微扩大，长约 5 毫米，花药长形，长 5 ～ 6 毫米；柱头有白色刺毛。蒴果下部半球状，上部短圆锥状。种子多数，卵形，无翼，细小，棕黄色，光滑无毛。花果期 7—10 月。

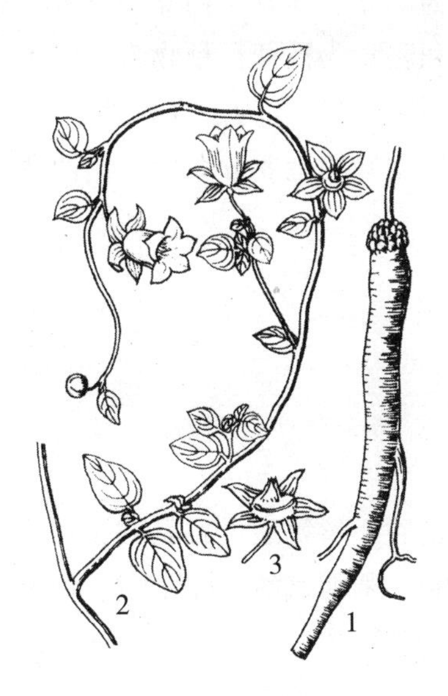

图 3.1 党参形态

1. 根 2. 花、果枝 3. 果实

二、资源分布

党参（*Codonopsis pilosula*（Franch.） Nannf. var. *pilosula*）产于中国西藏

东南部、四川西部、云南西北部、甘肃东部、陕西南部、宁夏、青海东部、河南、山西、河北、内蒙古及东北等地区，朝鲜、蒙古和俄罗斯远东地区也有分布，生于海拔 1560 ～ 3100 米的山地林边及灌丛中。中国各地有大量栽培。

缠绕党参(变种)(*Codonopsis pilosula* (Franch.)Nannf. var. *volubilis*(Nannf.) L.T.Shen) 产于中国四川西部和山西，生于海拔 1800 ～ 2900 米的山地林边及灌丛中。

闪毛党参 (*Codonopsi spilosula* (Franch.) Nannf. var. *handeliana* （Nannf.) L.T.Shen) 产于中国云南西北部及四川西南部，生于海拔 2300 ～ 3600 米的山地草坡及灌丛中。

素花党参 (*Codonopsis pilosula* (Franch.) Nannf. var. *modesta* (Nannf.) L.T.Shen) 产于四川西北部、青海、甘肃及陕西南部至山西中部，生于海拔 1500 ～ 3200 米的山地林下、林边及灌丛中。

党参是药食同源的大众药材，其主要资源以党参、川党参和素花党参为主。

党参药材商品规格分为潞党、西党、白党、条党、东党 5 类。党参的主流商品是西党和潞党，西党和潞党为桔梗科植物素花党参和党参的干燥根，甘肃以纹党、白条党为主流。东党主产区为黑龙江尚志、宾县，吉林通化等地。云、贵、川三省交界处为川党参的主要分布区。山西晋城太行山以南主要分布潞党。

三、化学成分和功效

1. 化学成分

（1）氨基酸

据研究，党参含有苏氨酸、丝氨酸、谷氨酸、甘氨酸、胱氨酸、缬氨酸、蛋氨酸、异亮氨酸、亮氨酸、苯丙氨酸、酪氨酸、赖氨酸、脯氨酸、精氨酸和组氨酸等多种氨基酸。

（2）微量元素

党参含有许多微量元素，如 Ca、Mg、Zn、Fe、Cu、Mn 等，不同地区党参微量元素含量有所差异。

（3）糖类

多糖是党参的主要成分之一，有着重要的药理作用，临床药理已经证明党参多糖具有调节机体免疫的作用，具有抗疲劳、抗缺氧、抗应激和抗衰老等功能，对正常细胞无毒副反应，因此，把党参多糖作为免疫增强剂进行开发利用具有广阔前景。

（4）甾体类

包括 α– 菠甾醇、α– 菠甾酮、α– 菠甾醇 –β–D– 葡萄糖甙、豆甾醇、豆甾酮、豆甾醇 –β–D– 葡萄糖甙、△ 7– 豆甾烯醇和△ 7– 豆甾烯酮和豆甾烯醇 –β–D– 葡萄糖甙。

（5）生物碱及含氮成分

包括胆碱、正丁基脲基甲酸酯、党参碱和 5– 羟基 –2– 羟甲基吡啶。

（6）党参甙

包括党参甙（Ⅰ、Ⅱ、Ⅲ、Ⅳ）、正己基 –β–D– 葡萄糖甙、α–D– 果糖乙醇甙、丁香甙和 β–D– 葡萄糖乙醇甙。

（7）挥发性成分

包括棕榈酸、己酸、庚酸、辛酸、壬酸、壬二酸、月桂酸、豆蔻酸、十五酸、硬脂酸、亚油酸、2，4– 壬二烯酸、2– 烯醇、叔丁基苯、正十五烷、α– 姜黄烯、正十七烷、正十八烷、正十九烷、正二十烷、正二十一烷、正二十二烷、豆蔻酸甲酯、十五酸甲酯、硬脂酸甲酯、亚油酸甲酯、棕榈酸甲酯、棕榈酸乙酯、辛酸甲酯、己醛、6– 甲基 – 十三碳烷、2– 甲基 – 十三碳烷和 3– 甲基 – 十五碳烷等。

（8）三萜类、倍半萜内酯类及其他成分

包括蒲公英萜醇、蒲公英萜醇乙酸酯、木栓酮、苍术内酯Ⅱ、苍术内酯Ⅲ、5– 羟甲基糠醛、5– 羟甲基 –2– 糠醛、5– 羟基甲糖酸、丁香醛、2– 糖酸钠、香草酸、邻苯二甲酸双（2– 乙基）己酯、白芷内酯、补骨脂素和琥珀酸等。党参中苍术内酯Ⅲ是党参的主要成分之一，具有较好的抗炎作用，有研究者认为党参中苍术内酯Ⅲ也可作为党参质量评价的一项指标性成分。

2. 药理作用

（1）对心血管系统的影响

党参水浸液和醇浸液具有明显的降压作用，其原因可能是党参提取液可以扩张周围血管，提高心排血量和脑、下肢及内脏的血液量从而不增加心率，降低血压。

（2）对血液及造血功能的影响

党参的醇、水浸液可使小鼠的血红蛋白及红细胞增加，采用皮下注射可使白细胞和网织红细胞显著增加，对环磷酰胺等化疗药物及放射疗法所致白细胞的下降亦有治疗作用，同时党参具有抑制血小板聚集作用。

（3）抗应激作用

用党参提取物给小白鼠灌胃后发现，党参能明显提高其游泳能力，减缓疲劳，其机制可能与提高其中枢神经系统的兴奋性，提高机体活动能力有关。党参水提浸膏溶液和多糖溶液可使小鼠常压耗氧量减少，从而提高耐缺氧能力，延长小鼠的存活时间，对心脑等重要器官有明显保护作用。

（4）对中枢神经系统的影响

党参水煎提取物有促进学习记忆能力的作用，其对抗东莨菪碱的作用可能是通过增加大脑 M_2 乙酰胆碱能受体，而不是影响乙酰胆碱的含量。

（5）对免疫机能的影响

党参及其复方通过提高衰老机体 IL22 水平而发挥增强机体免疫功能、延缓衰老的作用。

（6）对内分泌的影响

党参有效成分皂甙及糖类能部分拮抗地塞米松引起的血浆皮质酮下降，其作用在垂体或垂体以上水平。

（7）对胃肠功能的影响

党参煎剂均能显著提高受严重烫伤的豚鼠胃泌素（Gas）和胃动素（MTL）含量，降低血清 TNF 浓度，因而有益于烧、烫伤后胃肠功能紊乱的调整及肠源性感染的防治。

（8）其他影响

据研究，党参具有调节结肠平滑肌的收缩活动和对小肠推进的促进作用，同时具有对胃黏膜快速保护作用。此外，党参还具有增强子宫的收缩作用和抗高温作用。

四、市场需求和栽培经济效益

党参作为常用大宗药材之一，经过数百年药物使用和栽培，已经成为十分常见的药食两用药材，除了在医药上的不可替代性外，在饮食、保健、滋补等方面更具有相当强的潜力。正是由于党参具有诸多疗效和保健作用，使得其在中医临床应用和保健产品的开发上较受重视。党参常见验方近 90 种，其被开发成各种中成药，制成丸剂、冲剂、片剂、膏剂、合剂等不同剂型。另外，党参还用作动物用药方剂，包括禽药方、猪药方等。因含有人体必需氨基酸及微量元素，人们常用党参做药膳，如党参红枣粥、参芪羊肉羹等。同时党参又被开发出许多保健品，如党参膏、党参酒、党参糖、党参茶等，起到增强机体免疫力，提高人体抗病能力的作用。

近年来，党参产量连年提高并热销于华南及东南亚地区，其潜在的经济利用价值也日益凸显。例如，调查发现甘肃省栽培党参年种植面积约 40 万亩，产量约 4 万吨，占全国总产量的 70%，出口量占全国总量的 80%，尤其是甘肃省定西市陇西县首阳镇已成为全国党参的集散地。

第二节 党参生长习性和生长结构

一、生长发育

党参为多年生植物，从种子播种到种子成熟一般需 2 年，2 年以后年年开花结籽。党参从早春解冻后至冬初封冻前均可播种，春季播种的党参一般 3 月底至 4 月初出苗，再进入缓慢的苗期生长；从 6 月中旬至 10 月中旬，党参进入营养生长的快速期。低海拔地区种植的党参 8—10 月部分植株开花结籽，但质量不高；高海拔地区，一年生参苗不能开花，10 月中下旬地上部枯萎进入休眠期。二年生及以上植株，每年 3 月中旬出苗进入营养生长，7—8 月开花，9—10 月结果。8—9 月为根系生长的旺盛季节，10 月底进入休眠期。优质高产的党参宜采收三至五年生者为好。各产地由于海拔高度、气候等不同，生长周期略有差异。

党参种子萌发和幼苗发育最佳温度在 20 ～ 30℃，最佳湿度在 45% ～ 75%，温度和土壤湿度对党参种子和幼苗发育有显著影响。

党参根系第一年主要以根伸长生长为主，可长到 15 ～ 30 厘米，根粗仅 2 ～ 3 毫米。第二至第七年，参根以加粗生长为主，特别是第二至第五年根的加粗生长很快，这个时期党参正处壮年时期，参苗一般长达 2 ～ 3 米，地上部

分光合面积大，光合产物多，根中营养物质积累多而快，参根的加粗增重明显，第八至第九年及以后党参进入衰老期，参苗老化，参根木质化，糖分积累变少，质量变差。因此，要获得优质高产党参，宜采收三至五年生的党参。

二、物候期

党参从播种开始，到植株死亡，其物候变化有以下几个时期。第一年：播种期、幼苗期、生长期、枯萎期；第二年：返青期、拉蔓期、孕蕾期、始花期、盛花期、籽粒成熟期、枯萎期（收获期）。如表 3.1 所示。

表 3.1　党参物候期观察记录

<table>
<tr><td>株龄</td><td></td><td>年降水量</td><td></td><td>年积温</td><td></td></tr>
<tr><td colspan="2">物候期</td><td colspan="2">日期</td><td colspan="2">情况</td></tr>
<tr><td colspan="2">播种期</td><td colspan="2"></td><td colspan="2"></td></tr>
<tr><td colspan="2">幼苗期</td><td colspan="2"></td><td colspan="2"></td></tr>
<tr><td colspan="2">1 年生长期</td><td colspan="2"></td><td colspan="2"></td></tr>
<tr><td colspan="2">1 年枯萎期</td><td colspan="2"></td><td colspan="2"></td></tr>
<tr><td colspan="2">返青期</td><td colspan="2"></td><td colspan="2"></td></tr>
<tr><td colspan="2">拉蔓期</td><td colspan="2"></td><td colspan="2"></td></tr>
<tr><td colspan="2">孕蕾期</td><td colspan="2"></td><td colspan="2"></td></tr>
<tr><td colspan="2">始花期</td><td colspan="2"></td><td colspan="2"></td></tr>
<tr><td colspan="2">盛花期</td><td colspan="2"></td><td colspan="2"></td></tr>
<tr><td colspan="2">籽粒成熟期</td><td colspan="2"></td><td colspan="2"></td></tr>
<tr><td colspan="2">枯萎期
（收获期）</td><td colspan="2"></td><td colspan="2"></td></tr>
<tr><td colspan="2">备注</td><td colspan="2"></td><td colspan="2"></td></tr>
</table>

第三节　党参生物学特性

一、对土壤条件要求

党参为深根性植物，适宜生长在土层深厚、排水良好、富含腐殖质、pH 6.0～7.5的疏松沙质壤土中，黏性较大的土壤或盐碱地、洼地不适宜生长。

二、对温度条件要求

党参喜温和、凉爽气候，怕热，较耐寒，要求≥0℃积温在3800℃·天以上，≥10℃积温为2600～3300℃·天。各个生育期对温度的需求不同，在8～30℃可正常生长，气温达到30℃以上生长受抑制，而且因其较强的抗寒性，即使在−25℃左右的低温条件下也不会被冻死。参根可在土壤中越冬。种子萌发最适温度为15～20℃。

三、对水分条件要求

党参对水分的要求不甚严格，一般在年降水量500～1200毫米、平均相对湿度70%左右的条件下即可正常生长。播种期和幼苗期需水较多，定植后对水分要求不严格，但不宜过湿，特别是在高温季节，以防烂根。

四、对光照条件要求

党参幼苗期喜阴，需适当遮阴，强日照下幼苗易被晒死或生长不良。党参成株喜光，随着苗龄的增长对光的要求逐渐增加，对光照要求严格，光照强度大，叶片光合强度高，块茎形成早，产量高。二年生及以上植株应移植于有充足光照的地带才能生长良好。

第四节　党参栽培技术

一、选地和整地

1. 选地

党参为深根系植物，对土壤的要求较为严格，宜选土层深厚肥沃、土质疏松、排水良好的沙壤土为佳。育苗地宜选择靠近水源、地势平坦、土质疏松肥沃、无宿根草的沙质壤土。在山区应选择排水良好、土层深厚、疏松肥沃、坡度 15° ～ 30° 、半阴半阳的山坡地和二荒坡地，地势不应过高，一般以海拔 2200 米以下为宜。移栽定植地可选山坡、梯田、生地或熟地，但盐碱地、涝洼地不宜种植。在排水条件好或较干燥的地方易于种植，以免根病蔓延造成减产。忌连作，一般与大田作物进行轮作。

2. 整地

育苗地以畦作为好，每亩施粪肥（厩肥）2500 ～ 3500 公斤，耕翻，耙细，整平做成 1 米宽、7 ～ 8 米长的平畦或高 18 厘米的垄畦，畦间距 20 ～ 30 厘米。生荒地先铲除杂草，晒干后堆起烧成灰，作为草木灰撒于地面。熟地应施足基肥，每亩施 3000 ～ 5000 公斤的腐熟粪肥。深耕（最好秋耕）30 厘米以上，耙细、整平，待翌春时移栽。

二、播种和育苗

1. 繁殖方法

党参在生产上主要有直播和育苗移栽两种繁殖方式。一般于春季解冻后或秋季地冻前播种育苗。春播应早，如过晚，春风大，地表易吹干，小苗易抽干死亡。每亩播种量 0.75 ～ 1.50 公斤，撒播或条播均可，也可间套作。撒播是将种子与沙粒拌匀撒于畦面，盖一层薄土，以盖住种子为宜，随后镇压，使土与种子紧密结合，以利保湿出苗；条播则按行距 10 厘米，开 2 ～ 3 厘米的浅沟，将种子均匀播于沟内，覆土 1 ～ 2 厘米。党参繁殖要用新种子，隔年种子发芽率很低，甚至无发芽能力。种子在温度 10℃左右、湿度适宜的条件下开始萌发，最适发芽温度 18 ～ 20℃。为了使种子早发芽，播种前把种子放在 40 ～

50℃温水中浸种，边搅拌边放入种子，搅拌水温和手温一样时停止，再浸5分钟；捞出种子，装入纱布袋中，用清水清洗数次，再放在温度为15～20℃室内沙堆上，每隔3～4小时用清水淋洗1次，1周左右种子裂口即播种。播种时畦面要浇透水，等水渗下去，可用撒播或条播。

2. 移栽定植

参苗生长1年后，在冬季土壤结冻前或春季土壤解冻后起苗移栽，起苗时注意从侧面挖掘，防止伤苗，边刨边拾，同时去掉病残苗，再按大、中、小分级。一般秋季或春季都可定植。春季在土地化冻后（3月中旬至4月上旬），秋季在10月中下旬移植，但产区常在春季进行移植。先在准备好的定植地里按行距20～30厘米开15～20厘米深的沟，将参苗（或叫作苗栽）按株距10～13厘米直放或斜放于沟内，覆土2～3厘米，压紧浇水，每亩栽参苗35～75公斤。移栽最好选阴天或早晚进行，随起苗随移栽。一般每亩栽大苗1.6万株左右，栽小苗2万株左右，密植栽培每亩栽参苗4万株左右。在平原地区或低海拔山区多采用育苗1年的参秧移栽；在高海拔山区多采用二年生的参苗移栽。每亩用参苗30～40公斤。参苗以苗长条细（苗短条粗的再生能力弱，产量低）者为佳，按苗子大小分类。移栽时，不要损伤根系，将参条顺着沟的倾斜度放入，使根头抬起，根梢伸直，覆土要以使参头不露出地面为度，一般高出参头5厘米左右。参秧以斜放为好，这样参的产量高，品质优。栽植密度，坡地或畦栽应按行距20～30厘米开21～25厘米深的沟；山坡地应顺坡横行开沟，以株距5～10厘米栽植。

三、田间管理

1. 遮阴

为了避免强烈阳光晒死幼苗，需遮阴，常用盖草、塑料薄膜或间作高秆作物来遮阴。盖草遮阴就是春季播种或秋冬播种后在第二年4月初，天气逐渐转热时，用谷草、树枝、苇帘、麦草、麦糠、玉米秆等物覆盖畦面，保湿和防止日晒，注意覆盖物不可太厚也不可太薄。一般开始全遮阴，主要以保湿为目的，待参苗发芽出土后，使透光率达到15%左右，至苗高10厘米时逐渐揭去覆盖物，不可一次揭完，以防苗被烈日晒死，待苗高15厘米时可将盖

草等覆盖物揭完。塑料薄膜遮阴，其方法是春播后，搭塑料棚，苗出齐后放风，待长至2～3片真叶时，把塑料棚揭去，白天用草帘子覆盖，夜间揭去（风天除外）或改用盖草。近年来，多用间作套种高秆作物解决党参幼苗的遮阴问题。

2. 灌排水

因党参种子小，吸水力不足，要常保持土壤湿润，以利种子发芽出苗。定植后要灌水，成活后可以不灌或少灌。雨季注意排水，苗高16厘米以上时应控制水分，以免地上部分徒长和烂根。

3. 中耕除草

育苗地若因灌水土壤板结，可用树条轻轻打碎表层，使幼苗顺利出土，在苗5～7厘米高时，结合松土除草，进行间苗，保持株距1～3厘米，若是直播，苗高15厘米左右时，按株距3～5厘米定苗，育苗地的松土宜浅，避免伤根。移栽后的田间更要注意清除杂草，以免竞争养分、水分、生长空间和光照。

4. 追肥

在藤蔓高20～30厘米时，要追施1次人粪尿，每亩施1500～2000公斤，再培土。在6月下旬或7月上旬开花前应进行追肥，这次一般追加尿素和过磷酸钙，每亩分别追施9～15公斤和25～30公斤。追肥的方法：一种可于根部10厘米处将肥料均匀施下后培土（这种方法费工费时，但效果好）；另一种是在降雨前，将肥料均匀地撒于田间即可。但当藤叶蔓生后就不便进行追肥了，以防营养物质分配偏向于地上部分而抑制了地下根部产品器官。

5. 搭架扶蔓

党参是攀缘性植物，搭架有利于植株的生长发育和防止果实霉烂。一般在苗高30～33厘米时设立支架，架高应在1.5米左右，以使茎蔓顺架生长，否则通风透光不良易染病害和腐烂，进而影响参根和种子的产量，搭架可就地取材因地而异，也可与其他高秆作物进行间作。

四、采收

1. 采种

党参定植后当年开花结果，9—10月种子变褐色时采收。党参一般种子成熟期比较一致，故待地上部枯萎后收割，再运回打碾后再筛选种子，每亩产量为150～225公斤。

2. 收根

一般在秋季地冻前收获，先将支架、茎蔓清除，再挖出参根，挖掘方法与苗栽的起挖是一样的，再运回加工。

五、产地加工

将挖出的参根除去残留茎叶，抖去泥土，用水洗净，先按大小、长短、粗细分为老、大、中条，分别晾晒至三四成干，至表皮略起润发软时（绕指而不断），将党参一把一把地顺握着放木板上，用手揉搓，反复3～4次，使党参皮肉紧贴，充实饱满并富有弹性。应注意，搓的次数不宜过多，用力也不宜过大，否则会变成油条，影响质量，搓后放置室外摊晒，以防霉变，晒至八九成干后即可收藏。一般2公斤鲜党参可加工1公斤干货，每亩产干货250～350公斤，丰产可达500公斤。出口党参的加工还要进行蒸炕，并捆成0.5公斤左右的小把。

六、包装、贮藏和运输

1. 包装

因党参内含化学成分，一般用内衬防潮纸的纸箱盛装，每件20公斤左右。适宜温度不超过28℃，相对湿度为65%～75%。

2. 贮藏

党参富含糖类，味甜，质柔润，夏季易吸湿、生霉、走油、虫蛀，根头上疣状突起的痕及芽或枝根折断处尤易发生，因此必须贮藏于干燥、凉爽通风处。

3. 运输

在运输过程中，要注意打包，一般用麻袋封装，在运输过程中要避免被雨淋湿，也要注意通风。

第五节　党参病虫害防治

一、 病害及其防治

1. 锈病

锈病是栽培区普遍发生的病害，叶、茎、花托均可受害，严重时全株死亡。

防治方法：①通过育种手段，选育抗病品种；②及时清理病残枯叶，减少病原菌，加强病情检查，发现中心病株及时拔除；③忌连作，实行轮作。

2. 根腐病

根腐病主要是针对二年以上的参根，得病植株初期须根和侧根出现暗褐色病斑，接着全根腐烂甚至死亡。

防治方法：①消灭病残株，并用石灰处理病穴；②高畦种植，疏通排水沟，降低湿度，避免田间积水；③与禾本科作物轮作。

二、虫害及其防治

1. 蚜虫、红蜘蛛

党参在5—6月天气干旱时常遭蚜虫、红蜘蛛为害。黏虫多在开花时发生，为害茎叶。一般，成虫及若虫群集叶片背面及嫩梢吸取汁液，被害叶片常背面卷曲、皱缩，天气干旱时为害更严重，造成茎叶发黄。5—6月发生严重，一般冬季温暖、春暖早的年份发生严重，高温、高湿不易发生。

防治方法：消灭越冬虫源，消除附近杂草，进行彻底清园。

2. 地老虎、蛴螬、蝼蛄

一般在幼苗时发生严重，造成缺苗断垄。成虫白天隐蔽，傍晚开始飞出取食植物的叶片。6月中下旬为害最盛，7月、8月、9月是幼虫为害高峰期，10月上旬随着气温下降开始下降，老熟幼虫在土壤中越冬，夏季多雨、土壤湿度大、厩肥施用较多的土中发生严重。

防治方法：①施用腐熟有机肥，以防招引成虫来产卵；②人工捕杀，在田间被害植株根际附近挖出幼虫；③用毒饵诱杀，即用25克氯丹乳油拌入5公斤炒香的麦麸中，加适量水配成毒饵，于傍晚撒于田间诱杀。

第六节　党参商品种类

一、药材性状特征

①党参呈长圆柱形，稍弯曲，长10～35厘米，直径0.4～2.0厘米；表面灰黄色、黄棕色至灰棕色，根头部有多数疣状突起的茎痕及芽，每个茎痕的顶端呈凹下的圆点状；根头下有致密的环状横纹，向下渐稀疏，有的达全长的一半，栽培品环状横纹少或无；全体有纵皱纹和散在的横长皮孔样突起，支根断落处常有黑褐色胶状物。质稍柔软或稍硬而略带韧性，断面稍平坦，有裂隙或放射状纹理，皮部淡棕黄色至黄棕色，木部淡黄色至黄色。有特殊香气，味微甜。嚼之无渣。

②素花党参（西党参）：长10～30厘米，根稍短，少分枝，直径0.5～2.5厘米，表面黄白色至灰黄色，根头下致密的环状横纹常达全长的一半以上。断面裂隙较多，皮部灰白色至淡棕色。表面灰棕色，栓皮粗糙，多缢或扭曲，上部环纹密集，油点多。质坚韧，断面不甚平整。嚼之有渣。

③川党参：长10～45厘米，表面灰黄色至黄棕色，有明显不规则的纵沟。质较软而结实，断面裂隙较少，皮部黄白色。栓皮常局部脱落，上部环纹较稀。断面皮部肥厚，裂隙较少。味微甜、酸。

④管花党参：根一分枝或下部略有分枝。表面皱缩成纵沟，疏生横长皮孔，上部环纹稀疏；根头有球状狮子盘头，破碎处有棕黑色胶状物溢出。断面粉质或糖样角质。气微香，味微甜。

⑤球花常参：根肥大，长20～43厘米，直径1～3厘米。表面有皱缩的纵沟，常扭曲，上部有密环纹，并自中部向上至根头部渐细，习称“蛇蚓头”；根茎具多数细小的茎痕或芽痕。具辐射状排列的细小裂隙，具特异气味。

⑥灰毛党参：根下部有的分枝。断面略显粉性，可见针晶样亮点。具特异气味。以根条肥大粗壮、肉质柔润、香气浓、甜味重、嚼之无渣者为佳。

二、党参等级标准

①东党。一等：长 20 厘米以上，芦下直径 1 厘米以上，无毛须。二等：长 20 厘米以下，芦下直径 0.5 厘米以上。

②潞党。一等：芦下直径 1 厘米以上，无油条。二等：芦下直径 0.8 厘米以上，无油条。三等：芦下直径 0.4 厘米以上，油条不超过 10%。

③西党。一等：芦下直径 1.5 厘米以上，无油条。二等：芦下直径 1 厘米以上，无油条。三等：芦下直径 0.6 厘米以上，油条不超过 15%。

④条党。一等：芦下直径 1.2 厘米以上，无油条。二等：芦下直径 0.8 厘米以上，无油条。三等：芦下直径 0.5 厘米以上，油条不超过 10%，无参秧。

第七节　党参生产操作规程的制定

通过总结甘肃省、陕西省的党参栽培技术，制定党参栽培技术规程。

一、选地、整地、施肥

移栽地应选择同区域靠阴、地势较高、排水良好、土壤肥沃、有机质丰富的地块，前茬作物以豆类、禾本科作物为宜。上年夏、秋季前茬作物收获后立即灭茬深翻、晒垡、纳雨，秋季结合深耕（耕深 30 ～ 45 厘米）施入基肥，施腐熟农家肥 37 500 ～ 45 000 公斤 / 公顷，同时施入尿素 375 公斤 / 公顷、普通过磷酸钙 600 公斤 / 公顷、硫酸钾 37.5 公斤 / 公顷，或者尿素 300 公斤 / 公顷、磷酸二铵 180 公斤 / 公顷、氯化钾 45 公斤 / 公顷，耱平保墒。有灌溉条件的地方冬前灌足底水。

二、移栽

（1）时间

3 月下旬至 4 月上旬，土壤完全解冻后进行移栽。

（2）种苗选择

种苗应选择苗龄达到根长 10 ～ 20 厘米、根直径 1 ～ 3 毫米的中、小苗移植。用量为 375 ～ 450 公斤 / 公顷。

（3）移栽方法

开沟移栽，沟深 25 ～ 35 厘米，耙细沟前坡土块，以株距 5 ～ 7 厘米将参苗摆入沟前坡，根系自然舒展，参头距地表 2 ～ 3 厘米。摆完 1 行后，以行距 20 厘米再开沟，取土覆盖前沟，依次进行。栽苗 75 万～ 90 万株 / 公顷。栽完 3 ～ 4 行后，及时用木耙耙平地面并拍打镇压。

三、田间管理

（1）追肥

7—8 月营养生长旺盛期，选择降雨后施尿素 75 ～ 150 公斤 / 公顷，生长期内追施 2 ～ 3 次。于 7 月上旬开始用磷酸二氢钾 1200 倍液进行叶面追肥，每隔 20 天喷 1 次，连喷 3 次。

（2）灌水与排水

以天然降雨为主，一般不需人工灌水。若遇持续干旱气候，有灌溉条件的地方可根据具体情况补灌 2 ～ 3 次，以地面不积水为宜。整个生长期内，雨季要经常注意田间排水，确保雨水通畅排出。

（3）中耕除草

5 月上中旬，株高 6 ～ 9 厘米时进行第一次中耕除草，不宜深锄，以免损害根部。松土深度 5 ～ 7 厘米，破除板结，铲除杂草，离苗太近的杂草可用手拔除，以免带出参苗。以后每隔 30 天左右后除 1 次草，当党参地上茎蔓交互占满地表时只拔出大草即可。

（4）打尖

最适宜打尖期为营养生长旺盛期，即 6 月下旬至 7 月中旬，对苗高 30 ～ 35 厘米的植株打尖，即把尖端 15 厘米的茎打掉，一般打尖 2 次。

四、病虫害防治

（1）防治原则

以预防为主、综合防治，优先采用农业防治、物理防治、生物防治措施，

科学合理地使用化学药剂防治，不使用国家明令禁止的高毒、高残留、高三致（致畸、致癌、致突变）农药及其混配农药，农药使用参照 GB 4285 和 GB/T 8321 的规定执行。

（2）防治方法

①根腐病。深翻改良土壤、增施有机肥，与禾本科植物实行轮作，建立无病留种地，进行种子、土壤、种苗药剂处理，种子用 0.1% 多菌灵盐酸盐药液浸泡 1 小时。

②地下害虫。结合播前整地施肥，结合耕翻将底肥施入耕作层内。

③鼠害。防治措施主要以人工捕杀为主。

五、采挖

（1）采挖时间

10 月下旬至 11 月上旬，地上部分枯萎后割掉茎叶，后熟 10 ～ 15 天启挖参根。

（2）采挖方法

铁钗垂直向下插入地块，挖出全根，散置于地面晾晒。

六、分级

分级标准按《七十六种药材商品规格标准》〔国药联材字（84）第 72 号文〕“附件”执行。

七、产地初加工

将运回的党参摊于干净地面，在太阳下晾晒，抖去外皮泥土，按直径大小分成 3 ～ 4 级。头尾理齐，横行排列，置太阳下晒至四成干。至表皮略湿发软时用线沿根头细颈处串起，卷成直径 15 ～ 20 厘米的小捆，置木板上用手轻度搓揉 2 ～ 3 遍，摊于或悬挂于太阳下，或干燥、温暖的室内晒干或晾干；八成干时取下，整齐堆放，高 70 ～ 100 厘米，7 ～ 10 天使党参变直。晾至全干时打开扎把，下串，用清水冲洗，洗去外皮泥土，剔除伤疤、病斑，再掐尾、打叉、分级，用橡皮筋扎成直径 8 ～ 10 厘米小把，倒立于干净晒场，在太阳下晒干，装箱，即为把子党参。

八、贮藏

短期可贮存于干燥、通风、清洁的阴凉处。长期贮藏时用生石灰撒涂于仓库四周消毒，用清洁干燥麦秸、谷草或木板覆地防潮，保持药材与周围墙壁距离 1 ～ 2 米，药材堆放体积 5 米 ×5 米 ×5 米，堆间距 1 米，层间用椽木或木板隔开。库内温度保持 5 ～ 10℃，6—7 月翻晒 1 次，可安全贮存 1 ～ 2 年。贮藏期间要注意防鼠害，且经常检查。党参富含糖类，味甜质柔润，夏季易吸湿、生霉、走油、虫蛀，宜贮存于阴凉通风干燥处，温度 28℃以下，安全相对湿度 65% ～ 75%，贮藏期间，如果商品潮湿，可在 3—4 月用“横竖压尾通风法”晾晒，以防止商品头尾干湿不匀和参身过湿染菌或参尾过于脆碎。高温、高湿季节，可在 60℃左右下烘烤，并放凉后密封保藏。

第四章　桔　梗

第一节　概　述

桔梗，别名包袱花、明叶菜、铃铛花等，李时珍在《本草纲目》一书中说“此草之根结实而梗直，故名桔梗”。根为常用中药，有宣肺、散寒、祛痰、排脓等功效，用于治疗外感咳嗽、咳痰不爽、咽喉肿痛、胸闷腹胀、支气管炎等症。

《中华人民共和国药典》2015 年版（一部）规定正品桔梗为桔梗科桔梗（*Plantycodon grandiflorum*（Jacq.）A.DC）。根除了作为药用外，还可以盐渍咸菜，此咸菜朝鲜族尤为喜食。桔梗的花大而美观，因此还是一种很好的观赏植物。目前，野生桔梗资源逐渐减少，已经广泛进行栽培。

一、形态特征

桔梗（图 4.1）为多年生草本植物，植株高 30 ～ 80 厘米，茎内含有白色乳汁，全株光滑无毛。根肥大肉质，长圆锥形，外皮淡褐色或灰褐色，折断面白色或淡黄色，味苦或稍带甜味。茎直立，通常单一生长，上部稍有分枝；叶无叶柄，茎的中下部叶常对生或 3 ～ 4 片轮生，叶片卵状披针形，边缘有不整齐的锐锯齿；茎的上部叶片互生，叶片披针形。花单生于茎的顶端或数朵成疏总状花序；花大，直径为 2 ～ 5 厘米，花萼钟形，宿存，花冠为开阔的钟形，鲜蓝紫色，栽培的桔梗有些花为白色，而野生的桔梗白花较少。果实为蒴果，倒卵形，成熟时顶部盖裂为 5 瓣；种子多数，狭卵形至椭圆形，长 2 ～ 3 毫米，宽约 1 毫米，成熟时为褐色，表面光滑，密被黑色条纹，一侧有褐色狭窄的薄翼。花期为 7—9 月，果实成熟期为 8—9 月。

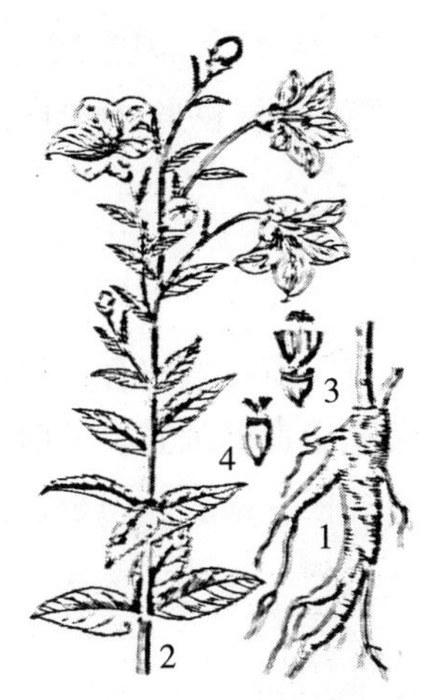

图 4.1 桔梗形态

二、资源分布

桔梗为桔梗科桔梗属植物，而该属在全世界仅此一种，另外还有一个变种，即白花桔梗（*Plandicodon grandiflorun*（Jacq.）A.DC var. *album* Hort.）。

桔梗在我国广泛分布，称其为广布种，在我国大部分省区均有分布，其分布范围在北纬 20°～55°、东经 100°～145°。野生桔梗主要分布在黑龙江、吉林、辽宁、内蒙古、河南、河北、山东、山西、陕西、安徽、湖南、湖北、浙江、江苏等省区，四川、贵州、江西、福建、广东、广西等省区也有分布。野生桔梗以东北三省和内蒙古产量最大；栽培的桔梗以河北、河南、山东、安徽、湖北、江苏、浙江、四川等省产量较大。

三、化学成分和功效

1. 化学成分

桔梗根中含有多种桔梗皂苷，主要有：桔梗皂苷 A、桔梗皂苷 C、桔梗皂苷 D、桔梗皂苷 D_2、桔梗皂苷Ⅴ、桔梗皂苷Ⅵ，远志皂苷 D、远志皂苷 D_2、远志皂苷Ⅷ、远志皂苷Ⅸ、远志皂苷Ⅺ、远志皂苷Ⅻ。近年来又从桔梗根中分离出 17 种新的皂苷类化合物。此外，桔梗根中还含有菠菜甾醇、白桦脂醇、菊糖、桔梗聚糖等。

桔梗根中含有 14 种氨基酸，经分析，氨基酸总含量紫花桔梗比白花桔梗中高。桔梗花中含有一种蓝紫色素：桔梗色素。种子中含脂肪油 30.45%。

2. 药理作用

（1）祛痰作用

桔梗煎剂、桔梗粗皂苷对犬、猫、鼠均有祛痰作用，试验表明，桔梗的祛痰作用主要是对口腔、咽部黏膜的直接刺激，反射性地引起呼吸道分泌亢进，使痰液稀释，易于排出。桔梗的根、根皮、须根、茎、叶、花、果实均有显著的祛痰作用。

（2）镇咳作用

桔梗水提取物、桔梗粗皂苷均有较好的镇咳作用。

（3）抗炎和增强免疫作用

口服桔梗粗皂苷，有明显的抗炎作用。桔梗浸出物还能抑制白细胞游走，增强中性白细胞的杀菌能力，提高溶霉菌活性。

（4）抗溃疡作用

大鼠口服桔梗粗皂苷对应激性溃疡有预防作用。

（5）调节心血管功能作用

给大鼠注射桔梗皂苷，可以引起血压下降，心率减慢，呼吸抑制。

（6）镇静、镇痛和解热作用

桔梗粗皂苷能抑制小鼠自发活动，其镇痛作用强度相当于阿司匹林；对正常小白鼠和致热小白鼠均有显著的降温作用，作用可以持续 3 ～ 4 小时。

（7）降血糖、降胆固醇作用

给家兔灌服桔梗水或乙醇提取物，可以使血糖下降。桔梗粗皂苷还能降低白鼠肝脏中的胆固醇含量，增加类胆固醇的排出，对胆酸分泌有促进作用。

3. 治疗作用

桔梗制剂治疗咳嗽痰多、咽喉肿痛、肺痈吐脓、胸满胁痛、痢疾腹痛等症。

桔梗根目前主要是作为制作祛痰药的原料，用量较大。除此之外，桔梗还和其他中药配伍治疗多种疾病。

四、市场需求和栽培经济效益

桔梗为常用大宗中药材，市场需求量很大，除用于中药制剂原料和中医用药外，桔梗还是一种味美且有较高营养价值的咸菜制品，深受朝鲜族人的欢迎。据有关资料调查，我国每年需要桔梗药材约600万吨，目前完全依靠野生资源已经远远不能满足需求，因此栽培桔梗有较大的市场效益，加上桔梗的栽培技术比较简单易行，因此有广阔的栽培前景。

由于桔梗栽培技术比起龙胆等药材的栽培技术简单，又比黄芪等深根药材容易起收，因此有些药农，没有经过市场调查，盲目加大桔梗的栽培面积，造成药材市场桔梗大量积压，药材的价格急剧下降。例如，1997年由于栽培面积减少，产量降低，加上出口量增加，使桔梗的价格上涨到每公斤10～15元。但当大面积种植时，又会因为全国桔梗产量供大于求，而使桔梗药材大量积压，价格急剧下降。因此建议读者在确定桔梗的栽培面积时，一定要慎重，在做好市场调查或与有关部门签订好合同后，再进行种植。

第二节 桔梗生长习性和生长结构

一、生长发育

1. 根的生长

桔梗为直根系。种子萌发后，胚根当年主要是延长生长，特别是当土质疏松、表层水分较少时，更是如此。栽培桔梗第一年根可以长至15厘米，径粗可以达到1厘米左右，单株平均重量南方和北方因生长期不同而有所不同，据刘鸣远教授等的调查，浙江栽培的桔梗，当年根重可达6.22克。第二年根的生长主要是增粗，因而重量也相应增加，最终可达55克。

根的不同时期的折干率不同。经试验，在黑龙江以9月上旬折干率较高，有研究表明，9月15日的折干率为26.7%，9月30日为22.2%，因此，在采挖桔梗时，读者应该对不同时期桔梗根的折干率进行测定，以确定最佳采收期。

2. 茎的生长

研究资料表明，在黑龙江哈尔滨生长的桔梗，播种后10天左右即可出苗，

当年每株仅生长 1 个地上茎。幼苗出土至抽茎 6 厘米以前，茎的生长缓慢；茎高 6 厘米至开花前，生长加快，开花后生长速度逐渐减慢；第二年由于根茎侧芽发育，每株地上茎通常可以有 2 个以上。

3. 花的生长发育

栽培桔梗第二年即可开花，每株植物最多可以开 15 朵，结实率可以达到 70%。

根据刘鸣远和付承新的观察，桔梗通常在早晨开花，开花前长条状的花药抱在柱头周围，即所谓的聚药。花药内向纵裂，约和花冠同时进行。5 裂的柱头在开花初期并不裂开。在花柱伸长时，毛刷状的柱头自下而上包围它的雄蕊花药，这样在柱头伸出的同时，即将内向纵裂花药所放出的花粉刷出，具刺的花粉大部附于毛刷之上，这时正好是开花当天的中午 12 时以后，来访的蜜蜂等昆虫在采食的同时将花粉带到其他花朵上，完成异花授粉。第二天早上花柱伸至最长，雄蕊开始枯萎，而柱头裂片却仍未张开，从而避免了自花授粉。到了下午柱头的裂片才开始张开，露出带黏液的裂片内侧，接受昆虫自其他花朵带来的花粉。第三天仍然可以接受花粉。到第四天花开始枯萎 ，如果花已受精，则进入结果期。

桔梗的花有蓝花和白花两种类型，有人把白花看成一个变种，但也有人认为是一种多态现象。白花类型，在遗传上是稳定的，而蓝花和白花桔梗究竟哪种产量大、质量高，尚无定论。作者在黑龙江省的调查表明，白花类型桔梗的产量并不比蓝花类型的低，但有人调查南方栽培的桔梗白花类型的产量低于蓝花类型。因此，建议读者在栽培过程中认真进行试验，寻找出最佳花色类型的桔梗，以便提高桔梗产量和质量。

4. 种子发育和生长结构

桔梗种子（图 4.2）较小（在桔梗科中是比较大的），千粒重 0.93 ～ 1.40 克。种子卵状椭圆形或长倒卵形，一侧有翅。种子长 2.0 ～ 2.6 毫米，宽 0.6 ～ 0.8 毫米，表面棕色或棕褐色，有光泽，具极细的条纹。种脐位于略窄的一端，萌发时胚根即由此突出种皮，种翅宽 0.2 ～ 0.4 毫米，颜色常稍浅。种子有丰富的胚乳，白色半透明。胚直立，细小。桔梗种子在温度为 10 ～ 15℃时即可萌发，但需要 10 天以上，如果温度在 20 ～ 25℃，一般 7 天即可萌发（这里需要指出的是，种子萌发和种苗出土在时间上还有一定的差异）。

桔梗当年即可成熟，产生种子，但这时的种子非常小，药农称其为“娃娃种”，不能作为播种用。桔梗的种子在9月成熟后，即可进行采收。采收后在室温条件下，贮存6个月，在恒温箱内进行发芽试验，发芽率为62.9%～87.0%，贮存18个月以后，则降至20%，因此桔梗种子的寿命为1年。值得一提的是，任何种子的寿命都会因为保存条件而发生变化。如果将桔梗的新鲜种子采收干燥后，贮存于0～4℃条件下，经过试验，18个月后种子的发芽率仍然可以达到50%以上。其中，白花型种子的发芽率可以达到80%，蓝花型次之，为70%，而采自浙江的种子在黑龙江进行试验，其发芽率仅为46%。

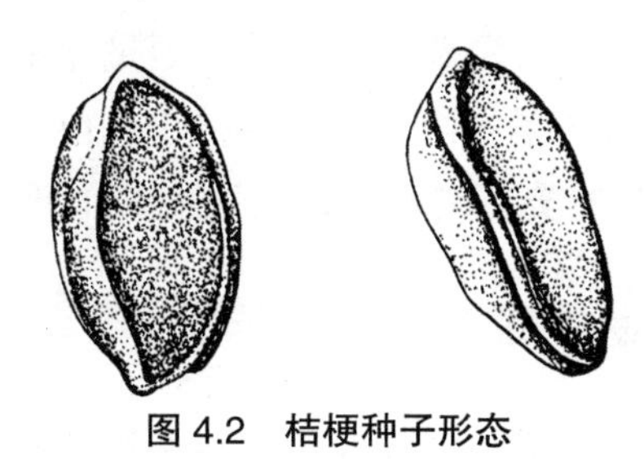

图4.2　桔梗种子形态

二、物候期

根据在哈尔滨的观察，桔梗在黑龙江的物候变化为：出苗期（返青期）：4月下旬至5月初，日平均气温在10℃以上；展叶期：5月中旬，叶开展；营养生长期：6—8月，营养器官生长；开花期：7月下旬至9月上旬；结果期：9月上旬至10月上旬；枯萎期：10月中下旬；休眠期：10月下旬至第二年4月中旬。

第三节　桔梗生物学特性

一、对土壤条件要求

桔梗宜在沙壤土或森林暗棕壤土上栽培，不宜在肥沃的黑土和过于黏重的黄土或白浆土上栽培，在肥沃的土壤上栽培的桔梗根虽然肥大，但质量较差。

二、对温度条件要求

由于桔梗是广布种，在我国大部分地区均有分布，因此桔梗对温度的要求并不严格，它既能在严寒的东北地区安全越冬，又能在南方高温的条件下生长。温度对桔梗出苗有较大的影响，一般情况下，桔梗的种子在土壤水分充足、温度在 19 ～ 25℃条件下，播种后 10 ～ 15 天幼苗即可出土。如果气温降至 14 ～ 18℃时，20 ～ 25 天幼苗才能出土。

桔梗有较强的耐寒性，幼苗可以忍受 −29℃的严寒，而不至于遭受冻害。

三、对水分条件要求

桔梗耐旱能力较差，喜在潮湿的土壤中和雨量充足的条件下生长。播种后如果土壤墒情不好，或者久旱不雨，将影响种子出苗，造成缺苗断垄，因此在育苗时，一定要保持苗床有充足的水分，做到及时灌溉。

四、对光照条件要求

桔梗是喜光植物，因此应该选择向阳的地块进行栽培。在光照不足的情况下，植株生长细弱，发育不良，容易徒长。

第四节　桔梗栽培技术

一、选地和整地

桔梗根肥大，因此应选择土层深厚、有机质含量高、质地疏松、排水良好的壤土和沙壤土种植，黏重土、白浆土和盐碱土等土壤都不利于桔梗的根系生长发育，不能选用。一般土壤酸碱度以微酸性（pH 6.54 ～ 7.00）为宜。

春季整地在东北应顶浆翻地，在其他地区可视土壤温度情况而确定。整地时要随翻随耙，整平耙细。直播田可以垄作，也可以畦作。垄作时，垄宽 50 ～ 60 厘米；畦作时，应做成高畦，畦高 10 ～ 15 厘米，畦宽 1.0 ～ 1.2 米。如秋季进行整地，应在土壤结冻前进行翻地，翻后要整平耙细，做好垄或畦田。如施底肥每亩可以施厩肥 2000 ～ 2500 公斤，也可以加过磷酸钙和饼肥各 50 公斤。

二、播种和育苗

1. 直播

直播多在东北地区应用，直播分为春播和秋播两种，北方和东北地区以春播为好，春播在4月下旬至5月上旬进行，秋播以10月下旬至11月上旬为宜。畦作田在畦面上按行距20～25厘米开沟，沟深1.5～2.0厘米，将种子撒入沟内，覆土厚度约1厘米。不论采取哪种方法进行播种，有条件的地方都应进行灌溉，以保持土壤有一定的湿度。

为了提高种子的发芽率和产量，在播种前可以进行种子处理。具体方法是，用0.3%～0.5%高锰酸钾溶液浸种24小时，取出后冲洗掉药液，晾干后下种。直播田每亩种子用量为0.5公斤。

2. 育苗

育苗的畦田应选择避风向阳的沙壤土，在栽苗前可以施入基肥，一般每亩用1500～2000公斤厩肥和50公斤过磷酸钙，畦田的宽度为1.2～1.3米，畦田高10～15厘米，于3月（南方）或4—5月（北方）进行播种。播种前种子应按照上面的方法进行种子处理，经处理后的种子，晾干，再开沟进行播种。如采用条播，行距为10～15厘米，沟深1.5厘米，将种子撒播在沟内，覆盖筛过的细土。播种前应在畦田上灌足水，以保证土壤有足够的水分。播后在畦田上盖一层草，以保温与保湿和防止雨水冲刷。

三、田间管理

1. 间苗和定苗

育苗田的桔梗，苗高1.5厘米时进行间苗，苗高3厘米时定苗，株距为3～4厘米。垄作直播田苗高1.5厘米时进行间苗，苗高3～4厘米时定苗，株距为10～13厘米。

2. 移栽

育苗田的幼苗，经过1年的生长，第二年春季进行移栽。垄作田是在垄上开沟，沟深20～25厘米，按株距10～13厘米将幼苗均匀顺沟摆好，再覆土，深度以超过芦头3厘米为宜。如果土壤肥沃，株距可以缩小到7～9厘米。畦田

移栽时，在畦面上按行距 15 ～ 18 厘米开横沟，沟深 20 厘米，按株距 10 ～ 13 厘米或 7 ～ 9 厘米，将主根垂直栽入沟内，不要损伤须根。栽后盖土踩实，覆土要超过芦头 1 ～ 2 厘米。移栽前，应把种苗按大、中、小分等级，按等级分别栽培，这样移栽的幼苗将来生长会一致，管理起来比较方便，同时还可以根据等级的大小采取不同的丰产措施。

3. 中耕除草

垄作的播种当年，在间苗和定苗后进行第一和第二次中耕除草，并进行浅趟培垄，第三次中耕除草时，进行第二次趟地培垄（在东北地区可进行三铲三趟）。秋季杂草种子成熟前，要拿 1 遍大草。第二和第三年每年进行两铲两趟。秋后还要拿 1 次大草。

畦田的除草在间苗和定苗时进行，要分别进行 1 次松土除草，在生长期每年还要进行 2 次松土除草。畦田松土除草，要用特制的小扒锄，以避免伤害幼苗。

4. 追肥

育苗田追肥在定苗后进行，可以追施腐熟人粪尿 1 次，每亩 500 ～ 1000 公斤，生产田（直播田和移栽田）每年可以结合第一次中耕除草进行追肥，每亩施腐熟厩肥 1000 ～ 1500 公斤。在开花期间，可以追施 1 次过磷酸钙，每亩 15 ～ 20 公斤。

5. 灌溉和排水

如果天气过于干旱，可以进行灌溉。在高温多雨季节要及时排除田间的积水，以防烂根。

6. 除花和打顶

桔梗一般在第二年即可开花，花期长达 3 个月左右，开花时会大量消耗养料，影响根的生长。因此应及时进行除花（摘掉花蕾）和打顶，可每 15 天进行 1 次。如采用药物对大面积栽培田的桔梗进行打顶，可以用 0.075% ～ 0.100% 乙烯利在盛花期进行喷洒，每亩用量为 70 ～ 100 公斤。

人工进行摘花虽然费时费工，但如果能充分利用桔梗花的美观效果，将其作为插花材料，还会有一定的经济收益。

四、收获

1. 根的采收

桔梗的根一般是 2 ～ 3 年采收，在南方多为 2 年采收，在华北地区，特别是在东北地区是 3 年采收。目前研究证明，三年生桔梗根的质量高于二年生根，因此最好还是 3 年采收。

采收一般在秋季 9—10 月进行。在东北地区，已有试验证明，9 月中旬收获最为理想。挖取桔梗时，注意不要把外皮碰坏。采挖后的桔梗要在产地进行加工。每亩可产桔梗 300 ～ 400 公斤，南方由于进行过量施肥，桔梗亩产量往往可以达到 500 公斤，但这些桔梗药材的质量较低，当实行中药材栽培 GAP 管理后，销路会受到限制。

2. 种子采收

桔梗果实成熟的特征是果实外皮黄褐色，种子也变成棕褐色，这时即可采收。桔梗果实成熟后，如果不及时进行采收，果实开裂后，种子会脱落。由于果实成熟期不一致，因此应该分批分期进行采收。如果种植面积过大，不能分期分批采收，也可以在种子七八成熟时，一次采收。具体方法是在果梗枯萎，大部分果实变色，种子基本成熟时，将果枝一次剪回，放在室内，经过一段后熟过程，再在日光下晒干脱粒，清除杂质，放在通风干燥处贮藏。每亩可以收获种子 20 公斤。

五、产地加工

桔梗采挖后必须在产地进行初加工。将采挖回来的桔梗，去净泥土，趁鲜放在水中浸泡一下，刮去外皮，才能作为商品药材。可以用碎瓦片或竹刀刮去外皮，东北地区的药农常用湿麻袋片包住桔梗的根，再用手捋去外皮。不去皮的桔梗不能作为药材。去掉外皮的桔梗再晾干或晒干即可，桔梗的折干率为 30%。

六、包装、贮藏和运输

1. 包装

桔梗采收晾干后，要按等级不同打成小捆，用麻袋、胶丝袋等包装，最好用纸箱包装。包装打捆时，将桔梗按大小分别扎成小捆，按顺序装入麻袋或胶丝袋中。

南桔梗一般分成不同的等级，并按等级进行包装，北桔梗多为统货，不分等级。包装物上应拴上标签，标签上要写明产地、等级、重量、单位等。

2. 贮藏

桔梗夏季易受潮而生虫，也容易霉烂、变色（发黑），所以应该贮藏在通风干燥的地方。

3. 运输

桔梗在运输过程中，要注意打包，一般用麻袋封装，在运输过程中要避免被雨淋湿。

第五节　桔梗病虫害防治

一、病害及其防治

1. 根腐病

根腐病是一种真菌病害，为害桔梗根部，发病初期病根表皮变红，以后逐渐变为红褐色至紫褐色。根皮上密布网状红褐色菌丝，后期形成绿豆大小的紫褐色菌核，最后根部腐烂，只剩下空壳，地上茎枯萎，造成严重减产。常发生在夏季高温、多湿季节，特别是雨季田间积水时发生严重。

防治方法：①选地时，最好选有一定坡度的地块进行种植；②发现根腐病要及时排除积水；③在根腐病发病的地面撒草木灰，每亩 5 公斤；④严重病株要及时拔除，集中烧毁，病穴要用生石灰处理。

2. 轮纹病

轮纹病也是一种真菌病害，主要为害叶片，受害叶片上的病斑近圆形，直径 5 ～ 10 毫米，褐色，具有同心轮纹，上面密生小黑点。一般多在 6 月开始发病，7—8 月最为严重。

防治方法：注意田间清洁，及时排除积水。

3. 斑枯病

病菌为害桔梗的叶片，受害叶片上下两面均有病斑，病斑近圆形或圆形，直径 3 ～ 5 毫米，白色，病斑往往被叶脉分割，叶片发病后期布满小黑点，严重时病斑会合成片，叶片最终枯萎死亡。

防治方法同轮纹病。

4. 立枯病

该病菌主要为害桔梗的幼苗，特别是在幼苗的展叶期。幼苗受到病菌的侵害后，幼苗基部逐渐出现水渍状黄褐色条状斑，以后条状斑逐渐扩展，颜色逐渐变成暗褐色，最后幼苗基部紧缩，使幼苗的嫩茎倒伏死亡。

防治方法：①在桔梗的幼苗未出苗时应进行预防，即在播种之前用 75% 五氯硝基苯进行土壤消毒，每亩用量为 1 公斤；②发病初期可用 75% 五氯硝基苯 200 倍液灌注病区，深度为 5 ～ 8 厘米。

5. 紫纹羽病

病菌为害桔梗的根部，发病先从须根开始，逐渐蔓延至主根。发病初期根呈黄白色，并可以看到白色菌索，以后菌索变成紫褐色，根部开始由外向内腐烂，根最后破裂，流出糜样渣，地上部分逐渐枯萎死亡。

防治方法：①出现病株及时拔除，并集中烧毁；②发病区可用 10% 石灰水进行消毒，以防止病菌蔓延；③过熟田或种过桔梗的田，在播种前可用石灰粉进行消毒，每亩用量为 50 ～ 100 公斤。

6. 炭疽病

该病主要发生在幼苗期，发病时，常常是成片发生，病菌迅速蔓延，造成大面积幼苗死亡。

防治方法：①出苗前，用 70% 退菌特 500 倍液喷洒；②发病初期用 1∶1∶120 波尔多液喷洒，10 ～ 15 天喷洒 1 次，连续喷洒 3 ～ 4 次。

7. 根结线虫病

根结线虫病是一种动物寄生在桔梗体内的一种病害。虽然它的病源是线

虫，但由于为害植物后，病株表现的是病害症状，因此一般把它放入植物的病害中。

受到根结线虫为害的桔梗，主要表现在植物的根部，其中以侧根和须根受害最为严重。在桔梗的侧根和须根上形成许多大小不等的虫瘿，在虫瘿内寄生许多根结线虫，用肉眼观察是许多透明的小颗粒，实际它就是根结线虫。由于根部受害，影响了它们的吸收功能，使植物地上部分生长发育受阻，表现出的病症是植株生长缓慢，叶片逐渐变黄，最后全株死亡。桔梗受根结线虫为害之后，由于根部受损，往往还会引起根腐病的发生，在根瘤处开始腐烂，严重时整个根系腐烂，最终植株死亡。

防治方法：①实行轮作，在南方以实行水旱轮作为好，可和水稻轮作，如和旱作物轮作，以棉花为好；②秋季进行深翻，即可以把虫瘿深埋入土，可以使根结线虫得不到足够的氧气而死亡。

二、虫害及其防治

1. 地老虎

地老虎是鳞翅目夜蛾科夜蛾的幼虫，成熟幼虫体长 37 ～ 47 毫米，体暗灰色，背线明显。蛹长 18 ～ 24 毫米，赤褐色，有光泽，体上有粗大刻点。

地老虎主要是幼虫为害桔梗幼苗，经常在夜晚爬出地面，咬断幼苗，并将其拖入洞中，作为食物。同时还会咬食未出土的幼芽，致使幼苗死亡，造成缺苗断垄。当桔梗长大后，它们还会咬食桔梗地上茎的幼嫩部分，使植株倒伏死亡。

地老虎 1 年会发生多代，一般以老熟幼虫和蛹在土壤内越冬，第二年春季继续为害桔梗或其他作物。

防治方法：①每年在春耕前一定要清理好田间杂草和枯枝落叶，消灭越冬的蛹和幼虫；②在桔梗幼苗期，早晨可以在田间进行寻找，发现害虫及时进行捕杀；③早春幼苗刚刚生长时，进行捕杀。

2. 红蜘蛛

红蜘蛛是属于蜘蛛类的害虫，一般以成虫群居在叶片的背面，吸食叶片内的汁液，同时会在桔梗植株上结网，为害叶片和茎的嫩梢，由于叶片的营养被红蜘蛛吸收，因此叶片会因为缺乏营养而发黄，最后叶片脱落。如果是在开花和结果期，会造成花、果实萎缩、干瘪，严重影响结果。

防治方法：秋季要清理田园，捡净枯枝落叶，集中烧毁，清园后可用 1 ～ 2 波美度石硫合剂进行喷洒。

3. 蚜虫

蚜虫为害桔梗的嫩叶，并可以在桔梗的新梢上面吸食植物的汁液，叶片由于营养不足而变成枯黄，严重的会使植株生长不良，造成大量减产。

防治方法：清除田间杂草，减少蚜虫的虫口密度。

4. 大叶青蝉

大叶青蝉又名青叶跳蝉，以若虫为害桔梗叶片。若虫 1 ～ 2 龄时，体色灰白稍有黄绿色，3 龄若虫胸腹部背面出现 4 条暗褐色纵条纹，并出现翅芽，4 ～ 5 龄若虫翅芽变长，并出现生殖节片。

大叶青蝉在南方发生较多，一般在长江流域每年可以发生 3 ～ 5 代。害虫以卵在其寄主枝条或杂草茎秆组织内越冬。第二年 4 月中旬至 5 月初，越冬卵孵化成若虫，并开始为害桔梗幼苗。到了 6 月中旬，若虫长大，开始大量为害桔梗，特别是在长江以南地区，最为严重。进入 7 月以后，如果不进行防治，害虫将更加严重。大叶青蝉成虫有明显的趋光性，善于跳跃，成虫羽化后，经过 20 天左右，开始产卵，卵产于叶片背面主脉处和茎秆组织中。若虫有群居的习性，常栖息在叶片的背面和幼嫩的茎上。

防治方法：①利用黑光灯进行诱杀成虫；②秋季要清理田园，捡净枯枝落叶，并集中烧毁。

第六节 桔梗商品和加工炮制

一、商品种类和规格

商品桔梗因产地不同分为南桔梗和北桔梗两种。

南桔梗指产于安徽、江苏、浙江等省的桔梗，分为三等。

①一等：干货。根呈顺直的长条形，去净粗皮及细梢。表面白色。体坚

实。断面皮层白色，中间淡黄色。味甘、苦、辛。上部直径 1.4 厘米以上，长 14 厘米以上。无杂质、虫蛀、霉变。

②二等：干货。根呈顺直的长条形，去净粗皮及细梢。表面白色。体坚实。断面皮层白色，中间淡黄色。味甘、苦、辛。上部直径 1 厘米以上，长 12 厘米以上。无杂质、虫蛀、霉变。

③三等：干货。根呈顺直的长条形，去净粗皮及细梢。表面白色。体坚实。断面皮层白色，中间淡黄色。味甘、苦、辛。上部直径不低于 0.5 厘米，长不低于 7 厘米。无杂质、虫蛀、霉变。

北桔梗指产于东北、华北地区的桔梗。

统货。根呈纺锤形或圆柱形，多细长弯曲，有分枝。去净粗皮。表面白色或淡黄白色。体松泡。断面皮层白色。味甘。大小长短不分，上部直径不低于 0.5 厘米。无杂质、虫蛀、霉变。

二、伪品及其鉴别

目前，商品桔梗出现伪品主要有以下几种。

1. 长柱沙参

长柱沙参和桔梗同为桔梗科植物，其根往往误作为桔梗。

长柱沙参的根呈圆锥形，长 5 ～ 13 厘米，直径 0.3 ～ 0.9 厘米，上部膨大，下部渐细，表面淡黄色至黄褐色，有扭曲的纵皱纹，根上有横长的皮孔样斑痕，断面松泡，有黄白色相间的裂隙。气微，味淡，嚼之有豆腥味。

2. 石头花

石头花是石竹科植物，根误作为桔梗。

石头花的根呈圆锥形或圆柱形，长 6 ～ 15 厘米，直径 0.5 ～ 3.0 厘米。表面白色或黄白色。有时可见黄色木质部，没有去外皮的根表面棕色或棕褐色，有粗的扭曲的纵皱纹，并有不规则的疣状突起。根头部有许多不规则的疣状突起及茎痕，加工后顶端平截，有时可见刀削痕。体质轻脆，断面平坦，略显粉性。皮部可见黄白相间的一至数圈由黄色筋脉点组成的圆环。木质部黄色。气微，味苦而麻。

三、加工炮制

1. 桔梗饮片

取桔梗药材，除去杂质，洗净，润透，切片，干燥，即为饮片。

2. 蜜桔梗

取炼蜜，用适量开水稀释，加入桔梗饮片拌匀，闷透，润匀，放于锅内，用文火加热，炒至不黏手为度，取出晾凉即可。每10公斤桔梗片，用炼蜜2公斤。

第七节　桔梗生产操作规程的制定

读者可以参照黄芪的生产操作规程来制定。

第五章 防 风

第一节 概 述

防风又名旁风、关防风、东防风。根供药用，有发表祛风、除湿止痛的功效，用于治疗感冒头痛、发热、无汗、关节痛、风湿痹痛、四肢痉挛、皮肤瘙痒等症。

《中华人民共和国药典》2015 年版（一部）规定正品防风为伞形科防风属植物防风（*Saposhnikovia divaricata*（Turcz.）Schishk.）的根作为防风，习称关防风。

商品防风种类繁多，除正品防风外，据调查尚有伞形科多种植物的根作为地方习用防风，主要有以下几类。

①北防风类。小防风（习称硬苗防风），原植物为绒果芹（*Eriocycla albescens*）。

②水防风类。河南的水防风为宽萼岩风（*Libanotis laticalycina*），陕西的水防风为华山前胡（*Peucedanum ledebourielloides*）。

③云防风类。云南的竹叶防风为竹叶西风芹（*Seseli mairei*），松叶防风为松叶西风芹（*Seseli yunnannense*）。

④川防风类。万县、涪陵、宜宾、泸州等地的川防风为竹节前胡（*Peucedanum dielsianum*），竹节防风为华中前胡（*Peucedanum medicum*）。

⑤西北防风类。青海、宁夏、甘肃的某些地区用葛缕子（*Carum carvi*）的根作为防风，习称小防风或马英子。

这些防风都不是正品防风，目前在栽培的防风中，这些非正品防风种子常常作为防风种子出售，从而给防风栽培造成混乱。希望读者在采购防风种子时务必要谨慎，一定要认清你所购买的种子是否为真正的防风种子，以免在栽培后造成不应有的损失，如何确定这些防风的种子，将在后面给读者介绍。

一、形态特征

防风（图 5.1）为多年生草本植物。根粗长，为圆柱形，略有分枝，根茎处密被褐色毛状的旧叶纤维，上端有横纹，下部渐细有纵纹，表面土黄色，折断面黄白色，中心黄色。茎单生，高 30 ～ 70 厘米，茎上有细棱，光滑无毛，在基部有许多分枝，分枝和主茎近等长，斜向上，略呈“之”字形弯曲，全株略呈球形。基生叶丛生，叶柄长而扁，基部加宽为叶鞘，叶片卵形或长圆形，2 回或 3 回羽状复叶，第一次裂片为长圆形或卵形，有小叶柄，第二次裂片下部有短柄，上部没有叶柄，最终裂片狭楔形，长 1.5 ～ 3.0 厘米，宽 2 ～ 7 毫米，光滑无毛。茎生叶和基生叶相似，但比较小，茎上部的叶片逐渐简化，几乎完全成为鞘状。花为复伞形花序，多数，花茎 4 ～ 6 厘米。在花茎的顶端形成聚伞状圆锥花序；伞梗 4 ～ 10 个，不等长，无毛，没有总苞片或少数有 1 枚；小伞形花序有 4 ～ 9 朵花，其中只有 4 ～ 5 朵花可以发育成为果实；小总苞片 4 ～ 6 枚，披针形，短小；子房下位，在子房幼小时期，密被横向排列的带白

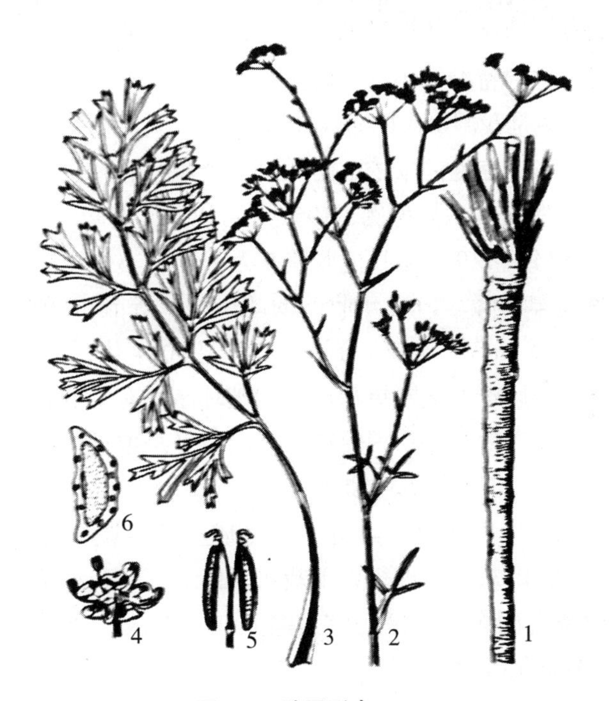

图 5.1 防风形态

1. 根　2. 果枝　3. 基生叶　4. 花　5. 双悬果　6. 分生果横切面

色的疣状突起，在结果期逐渐消失；花萼5枚，花瓣5枚，白色无毛，雄蕊5枚，与花瓣互生。果实为双悬果，狭椭圆形或椭圆形，长4～5毫米，宽约2毫米，背部稍扁，分生果的背棱隆起，侧棱较宽，果棱内部有1个大的油管，棱槽宽，各有1个油管，合生面上通常有2个油管（伞形科植物的鉴别往往要靠果实上油管的数量和分布，因此读者在识别伞形科植物时，务必要采集果实，以便正确进行鉴别）。花期为8—9月，果实成熟期为9—10月。

二、资源分布

防风主要分布于我国北方的黑龙江、吉林、辽宁、河北、山东、山西、内蒙古、陕西和宁夏等省区。商品防风以东北出产的最为驰名，主产于黑龙江省的安达、杜尔伯特蒙古族自治县（简称“杜蒙”，旧称泰康县）、泰来、龙江、富裕、林甸、甘南、肇东、肇州、肇源等县；吉林省的洮安、镇赉、乾安、扶余、大安等县；辽宁省的铁岭、开原、彰武、西丰、朝阳、建平、凌原等县；内蒙古的化德、商都、兴和、四子王旗、卓资等地；河北省的张家口、承德地区；山西省的雁北地区；陕西省的榆林地区等地。其中，黑龙江产量最大，质量好，而该省杜尔伯特的“小蒿子防风”更是驰名中外。目前黑龙江西部和内蒙古呼伦贝尔草原是我国最大的防风产区。

由于近些年来掠夺性的采挖，防风野生资源日趋减少，以我国最大的防风产区杜尔伯特蒙古族自治县为例，1957年可以收购防风51万公斤，1978年收购58万公斤，但到了1985年只能收购7万公斤。不但在产量上下降，而且防风的质量也是连年下降。1964年收购的防风中一等品占75%，但到了1984年收购的防风中一等品仅占20%。到了20世纪90年代，采挖野生防风更加严重，致使该县的防风资源遭到更加严重的破坏。据有关资料统计，黑龙江野生防风，目前已处在濒危状态，因此有关部门已经采取措施，严禁无计划滥采乱挖，以保证野生防风资源的可持续利用。

另外，目前栽培的防风已经有了许多成功的经验，并已经在黑龙江、吉林、辽宁、河北、山东广泛进行人工栽培，但最佳的栽培地区仍应以黑龙江的西部地区和内蒙古的东部地区为宜。黑龙江主产区在西部草原杜尔伯特、安达、青岗、齐齐哈尔等地。

三、化学成分和功效

1. 化学成分

防风中含有升麻素、亥茅酚苷、升麻素苷、5-O- 甲基阿密茴醇苷等色原酮类化合物，此外尚含有木蜡酸为主的长链脂肪酸、β- 谷甾醇和甘露醇等。防风含挥发油 0.11%。

哈永年等测定了黑龙江野生和栽培防风的灰分、水浸出物、甲醇浸出物、挥发油和甘露醇的含量，发现栽培防风的甲醇浸出物高于野生防风，灰分较野生防风低，挥发油和甘露醇的含量相近。

2. 药理作用

（1）镇静作用

防风可以增加戊巴比妥的催眠作用，同时有研究表明，防风对小鼠电刺激休克有一定的对抗作用，防风对电刺激的抗休克率为 60%，但较戊巴比妥弱。

（2）镇痛作用

防风有减低醋酸致小鼠扭体反应的次数的作用，电刺激鼠尾法表明，防风乙醇浸剂给小鼠灌服 21.18 克 / 千克体重及皮下注射 2.36 克 / 千克体重，均有一定的镇痛作用。

（3）解热作用

防风水煎剂有明显的解热作用。

（4）消炎作用

防风有使巴豆油合剂致小鼠耳郭炎症减轻的作用。

（5）对免疫系统的作用

防风水煎剂有使小鼠腹腔巨噬细胞吞噬细胞指数显著提高的作用。

（6）抗疲劳作用

防风和黄芪等组成的中药玉屏散有明显的增强试验动物抗疲劳作用。

（7）抗菌作用

防风水煎剂对痢疾杆菌、枯草杆菌、乙型溶血性链球菌、某些皮肤病真菌及流感病毒、金黄色葡萄球菌、肺炎双球菌、产黄青霉菌、杂色曲霉菌有抑制作用。

3. 治疗作用

防风为辛温解表药，中医在临床应用非常广泛。“风为百病之长”，防风是治疗风病之主药，常用于治疗风邪引起的头痛、形寒、肢酸等症。一般多和其他药物互相配合进行疾病治疗，很少单独使用。

四、市场需求和栽培经济效益

防风为常用中药，市场需求量较大。但由于近年来的盲目采挖，使野生防风资源大量减少，目前已不能满足医药市场的需要，加上大量盲目采挖防风破坏草原的植被，使大片草原变成沙丘，因此国家已经明确要求应有计划采挖防风。为了满足需要，栽培防风已经成为供应市场需求的主要方面，因此有广阔的前景。

20 世纪 90 年代，防风的市场价格每公斤为 22 ～ 25 元。每亩防风栽种 3 年后，可收获 300 公斤，产值为 6600 ～ 7500 元，扣除成本 3000 元，每亩每年可收入 1200 ～ 1500 元，经济效益还是很可观的。在选择栽培防风时，必须注意市场行情和当地是否适宜种植防风。

第二节　防风的生长习性和生长结构

一、生长发育

防风为多年生植物，一般在开花结实后即会枯萎死亡。野生防风生长 8 ～ 10 年，才开花结实。栽培的防风，最快 2 年就可以开花结实，一般是在第三年开花结实。药用的防风需采挖未开花结实的防风，这时采挖的防风根坚实而味足，开花后的防风根中空而无味，因此长期以来人们在采挖野生防风时，都是在防风未曾开花前进行，此时采挖的防风称为“公防风”，开花后采收的防风称为“母防风”，不能作为药用防风使用。

野生防风幼苗每年返青期因地区不同而不同，在黑龙江省为 5 月上中旬，华北地区为 4 月中下旬，抽薹期在 5 月下旬至 6 月中旬，野生的防风叶片变化有一定的规律，一年生、二年生为 3 片真叶，三年生、四年生为 4 片真叶，五年生为 4 ～ 5 片真叶，六年生为 6 ～ 7 片真叶，七年生及以上基本稳定在 8 片真叶。

防风在栽培条件下，从播种到种子出土，一般需要 20 天左右，长出第一片真叶需要 40 天左右，以后就进入营养生长期。栽培的防风当年叶片就可以有 12 ～ 18 片，据刘鸣远教授等的调查资料显示，栽培防风在 6 月下旬，有 4 ～ 5 片真叶，7 月上旬长出第六片真叶，10 月末一般叶片数目为 13 片左右，最多可达 18 片。第二年返青时，可以长出 4 ～ 6 片真叶，6 月上旬即可以有 10 ～ 16 片真叶，到 10 月末，叶片数目有 11 ～ 22 片真叶，最多可达 28 片。在叶片的生长期，最初的几片叶片一般为掌状分裂，以后才为羽状分裂。

栽培防风在第二年就可以进入生殖生长期，5 月中下旬便抽出明显的地上茎，6 月中下旬至 7 月初为现蕾期，7 月上旬开始开花，7 月末到 8 月初进入果期，到 9 月中旬果实成熟。

二、生长结构

1. 根的生长

防风的根为直根系，稍有弯曲。野生防风多年生的根直径在 0.5 ～ 1.0 厘米，长可达 40 ～ 50 厘米。栽培防风生长速度比野生的要快，一般二年生、三年生的植株主根的长度可达 40 ～ 70 厘米或更长，直径可达 1 厘米，很多可以达到 1.5 厘米，侧根比较多，而且很多侧根的直径可以达到 0.5 厘米，根的外皮颜色为棕黄色或黄白色，比野生防风的根颜色浅，但“菊花心”与“蚯蚓头”和野生的一样，都明显可见。植株生长早期，怕干旱，以地上部茎叶生长为主，根部生长缓慢；当植株进入生长旺盛期，根部生长加快，根的长度显著增加，8 月以后根部以增粗为主。植株开花后根部木质化、中空，甚至全株枯死。

防风的根还有再生的习性，根据这一特性，在挖取防风根时，其残留在土壤中的根的顶端可以再生出 1 ～ 4 个新的植株，药农把它们叫作“二窝子”防风，其生长的速度要比直接播种而生长的防风快得多，因此可以利用防风的这种再生特性，可以做到一次播种，多次收获。

2. 花的生长发育

防风一般在 6 月末至 7 月初开始开花，可以持续到 7 月末至 8 月中旬，甚至更晚一些时间。一朵花开花的规律是：花瓣开放后，花药伸出开始散放花

粉，但花粉散放后，花柱才开始成熟，因此防风的花都是异花传粉。一朵花的开放时间为 4 ～ 7 天。

3. 果实（种子）生长结构

一般所说防风的种子实际是果实（图 5.2）。防风的果实是双悬果，日常说的种子是双悬果的一个分果。分果为椭圆形或长圆状卵形，长 4 ～ 5 毫米，宽 2.0 ～ 2.5 毫米，分果背面有 3 条果棱，侧棱两条较宽；果皮内为种皮，果皮和种皮的厚度为 0.1 ～ 0.2 毫米，种子具有胚和胚乳。果实成熟后，2 个分果常有一段时间悬挂在分果柄上，因此称为双悬果。以下为了方便，用种子来讲述它们的其他特征。

经刘鸣远等研究，野生和栽培的防风种子在千粒重方面没有明显的差别。但种子的净度，栽培的种子比野生的种子高 10% ～ 20%。另外，由于防风的花是陆续成熟的，因此后开的花，只有少数可以成熟，如果不采取一定的技术措施，采收种子的千粒重和净度都会降低。如果在防风的花蕾期，去掉后期的花序，只保留早期的花序，种子的千粒重和净度有明显的提高，刘鸣远等的试验证明，防风种子的千粒重可以从 3.865 克提高到 5.435 克，种子净度可以从 75.62% 提高到 91.56%。

植物的种子都有一定的寿命，了解种子寿命的长短，对生产将会有很重要的意义。因为种子的寿命关系到生产上种子的保存和种子贮藏条件的选择。新鲜的防风种子发芽率一般为 50% ～ 75%，贮藏 1 年以上的种子，发芽率显著降低，甚至丧失发芽能力。经研究，防风种子的寿命为 2 年，即使在常温下种子也可以保存 2 年，但萌发率和生活力都明显下降，因此生产上最好使用当年的种子。

防风的种子一直存在着发芽率低和发芽缓慢、种子出苗不齐的问题，这是因为防风的种子一部分不具有休眠特性，而另一部分具有休眠特性。防风种子休眠的主要原因是胚的生理后熟作用、种皮的机械束缚作用，此外，种子中萌发抑制物质的存在也是影响种子萌发的原因之一。为了增加种子的发芽率可以采用种子处理方法来提高它们的发芽率，将在栽培技术中详细介绍。

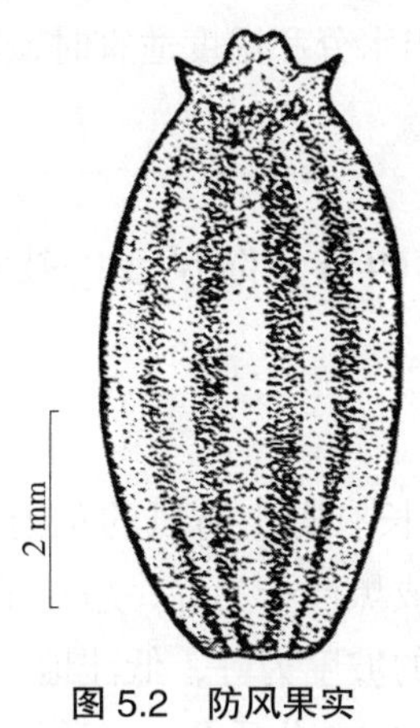

图 5.2 防风果实

第三节 防风生物学特性

一、对土壤条件要求

防风为深根系植物，具有较强的耐盐碱性。防风喜土层深厚、土质疏松的沙壤土和轻度盐碱土，在这种土壤上栽培的防风质量较好，称为“红条货”，根直而长，无分枝，断面呈菊花心。在黑土、黏质土上栽培的防风，根的质量次，称为“白条货”，根多分枝，质地松泡，而且产量低。

二、对温度条件要求

防风是喜温植物，种子萌发需要较高的温度，当温度在 15 ～ 17℃时，如果有足够的水分，10 ～ 15 天即可出苗，如果温度在 20 ～ 30℃时，则只需要 7 天就可以出苗，高于 30℃或光照不足会使叶片枯黄或生长停滞。防风耐寒性也较强，可耐受 −30℃以下的低温，在黑龙江省可以安全过冬。

三、对水分条件要求

防风有较强的耐旱能力，因此栽培防风以干旱的气候条件为好，防风最怕积水内涝，如果积水过多，容易造成烂根和基生叶腐烂。但防风的种子发芽时需要适宜的土壤湿度，如果土壤干旱，虽然温度适宜，种子也不容易发芽。然

而防风的种子生命力极强，当水分和温度适宜时，其还可以继续发芽。

第四节　防风栽培技术

一、选地和整地

栽培防风一般应选择生长有野生防风的荒地进行种植，如选用农田地种植，应以轻度碳酸盐黄沙土或黑沙土为好，忌在重度盐碱土、白浆土、重黏土中栽培防风。地势以有一定的坡度为好，低洼地一定不能种植防风。整地需施足基肥，每亩施厩肥 3000 ～ 4000 公斤及过磷酸钙 15 ～ 20 公斤。

整地方法可以因种植目的不同而采取不同的方法。为了获得商品防风，以高畦和平播为好。高畦宽 1.2 米，高 20 ～ 30 厘米，畦的长度视地块的具体长度而定。若为了获得种子则以垄作为好，一般垄宽 70 厘米。

在整地时，如果是生荒地可以用重耙耙荒，再用轻型圆盘耙耙 2 次，再用树枝耢子耢平即可。整地可以在秋季或早春进行。春季顶浆翻地，翻地的深度为 25 ～ 30 厘米，随翻随耙，秋翻地也可以在第二年春季顶浆打垄或做畦，做垄后要及时用磙子压好，以利于土壤保墒。

二、播种和育苗

1. 直播

防风直播在春、夏、秋季均可以进行。春播在 3 月下旬至 5 月中下旬，夏播在 6 月下旬至 7 月上旬，秋播在 9—10 月进行。春播和夏播时，需将种子放在 35℃的温水中浸泡 24 小时，使其充分吸水以利发芽，浸泡后捞出晾干播种。秋播可用干籽。

2. 育苗

目前药农还采取育苗的方法来栽培防风，这主要是为了提早收获和便于进行采收（因为防风的根深，在采收时往往难以采挖）。育苗田和栽培田在整地上没有什么区别，但在播种时，除了加大播种量以外，往往可以提前用塑料薄膜育苗，采用塑料薄膜的方法读者可以参照蔬菜育苗的方法进行，在这里不再详细叙述。

3. 种子处理

为了提高防风种子的出苗率，可以采用种子处理的方法。最简单的方法是把种子像种香菜那样，用鞋底搓一下，这样处理过的种子一般可以提高发芽率（可以达到 80%）。另外，还可以采用 3% 双氧水处理 1 小时，发芽率可以达到 67%。

4. 播种方法和播种量

播种前，将经过种子处理的种子用清水浸泡 1 天，浸后捞出，放于室内，保持一定的湿度，待种子开始萌动（露出小白芽，药农称为“拱嘴”）时进行播种。播种的行距为 30 厘米，开沟播种，沟深 2 厘米。将种子撒入沟内，覆土盖平，稍加镇压，盖草浇水。一般播后 20 ～ 30 天即可出苗。每亩直播用种子量为 1 ～ 2 公斤，如果是耙荒直播，播量为 3.0 ～ 3.5 公斤。

5. 根插繁殖

在秋季或早春，挖取粗为 0.7 厘米以上的根条，截成 3 ～ 5 厘米长的小段作为插条，按行距 50 厘米，株距 15 厘米，挖穴插种，穴深 6 ～ 8 厘米，每穴垂直或斜插 1 根插条，再覆土掩埋。栽种时要特别注意根的上端向上，不能倒栽。每亩用根量为 50 公斤。

三、田间管理

1. 间苗和定苗

直播田出苗后，当苗高 5 厘米时，按株距 7 厘米间苗，苗高 10 ～ 15 厘米时，按 13 ～ 16 厘米株距定苗。

2. 移栽

在春季从育苗田中挖取一年生防风幼苗进行移栽，可以采取平栽和直栽法。平栽又称为卧栽。在畦田上开沟 10 ～ 15 厘米，将防风幼苗的根平放在沟内，株距为 10 ～ 15 厘米，如果根过长，可以交叉排列，也可以挖深沟将根斜放，株距为 10 ～ 15 厘米。

3. 除草培土

在防风生长期间，特别是 6 月以前，要进行多次除草，保持田间清洁。当防风植株封行时，为了防止倒伏，保持通风透光，可以摘除部分老叶，再在防风的根部培土。进入冬季时可以结合畦田的清理，再次进行培土，以便使防风能顺利越冬。

4. 追肥

在华北地区种植防风还有追肥的习惯，每年 6 月上旬和 8 月下旬，各进行 1 次追肥，分别用腐熟的人粪尿、堆肥和过磷酸钙，开沟施于行间。黑龙江由于土壤肥沃，一般不主张进行追肥。

5. 去薹

防风在生长的第二年，会开花抽薹，影响防风根的生长，因为防风抽薹开花后，不但会消耗大量养分，同时防风的根部会枯烂并木质化，不能生产出合乎质量的药材，即使采挖回来，也不能做药用，因此必须进行抽薹。抽薹的方法是在防风的花茎刚刚长出 3 ～ 5 厘米时，把花茎抽出。2 年以上植株，除留种外，均应采取措施防止抽薹。

6. 排灌

播种或栽种后至出苗前，需保持土壤湿润，促使出苗整齐。防风耐旱能力很强，因此一般不用进行灌溉，但应该注意排水。雨季过长，田间很容易积水，此时，如果不进行排水，土壤过湿，根极容易腐烂。

7. 轮作

栽培防风不能连作，如果连续栽种，造成重茬，不但植株生长不良，而且防风的根生长的也不好，产量也大大降低，因此应避免重茬。

黑龙江省耙荒平播的防风，一般不进行田间管理，任其在半野生状态下进行生长，这样可以抑制防风早期抽薹，开花结实。3 年后即可形成防风群落，由于防风比较茂密，可以抑制杂草生长 6 ～ 7 年后即可进行收获。

四、采收

1. 根的收获

防风的根的收获在华北地区一般是2年采挖，在东北地区，尤其是黑龙江省一般应3年采挖，此时收获的根质量最佳，耙荒平播的防风在生长6～7年后收获比较理想，收获时间为10月中旬至11月中旬（因不同地区而有所不同），也可以在春季防风萌动前进行采挖。春季根插繁殖的防风，在水肥充足，生长茂盛的情况下，当年即可收获。秋季用根插繁殖的防风，一般在第二年的秋季进行采挖。

防风的根较深，而且根较脆，很容易被挖断，因此在采挖时，需从畦田的一端开深沟，按顺序进行采挖。挖掘工具可以用特制的齿长20～30厘米的四股叉为好。根挖出后除去残留茎叶和泥土，装筐运回。

2. 种子采收

防风种子目前还没有形成品种，而且种子的来源也比较混乱，为了提高种子的质量，防风的生产田不能生产种子，因此应该建立种子田，在种子田中留种，进行良种繁育。

种子田应选择三年生健壮、无病的防风植株采集种子。为了促进种子籽粒饱满，提高种子的质量，种子田的田间管理应该更加认真和细致，同时可以在防风开花期间进行适当追施磷钾肥。

当9—10月防风的果实成熟后，从茎基部将防风的花葶割下，运回后，放在室内进行干燥，一般应以阴干为好。干燥后进行脱粒，用麻袋或胶丝袋装好，放在通风干燥处贮存。防风种子不宜在阳光下进行晾晒，以免降低种子的发芽率。

新鲜的防风种子千粒重应在5克左右，发芽率应在50%～75%。贮藏1年以上的种子，发芽率明显降低，一般不宜再作为播种的种子。

五、产地加工

防风在田间采挖后，要及时进行产地加工。具体方法是在田间除去残留的茎叶和泥土，趁鲜切去芦头，进行分等晾晒，当晾晒至半干时，捆成1.2～2.0公斤的小把，再晾晒几天，再紧一次把，待全部晾晒干燥后，即可成为商品。

一般每亩可以收获干品 150 ～ 300 公斤，折干率为 25%。质量以根条肥大、平直、皮细质油，断面有菊花心者为佳。

六、包装、贮藏和运输

1. 包装

防风采收晾干后，包装前检查药材是否充分干燥，含水量应在 12% 以内。要按等级不同打捆，可以用麻袋、胶丝袋等包装。打捆时，将防风条理顺好，扎成小把。可按不同等级，在包装物上拴上标签，一等品用红色签，二等品用绿色签，标签上要写明等级、重量、单位等。

2. 贮藏

防风夏季易受潮而生虫，也容易霉烂、变色（发黑），所以应该贮藏在通风干燥的地方，定期检查，防止霉变、虫蛀、变质、鼠害等，发现问题及时处理。

3. 运输

防风在运输过程中，要注意打包，一般用麻袋封装，在运输过程中要避免被雨淋湿。不与有毒、有害、有挥发性的物质混装，防止污染，轻拿轻放，防止破损、挤压，尽量缩短运输时间。

第五节　防风病虫害的防治

一、病害及其防治

1. 白粉病

白粉病是一种真菌引起的病害，为害叶片，被害叶片呈白粉状斑，以后逐渐扩展，使叶片布满一层白色粉状物，以后叶片上密布小黑点，严重时使叶片大量脱落。

防治方法：①选择适宜防风生长发育的生态环境进行种植，加强田间管理，增强防风的抗病能力，7—8 月雨季应及时排除田间积水。忌黏重低洼地种植，降低湿度，减少病害发生。②施肥应增施磷钾肥，少施氮肥，增强抗病力；厩肥一定经过充分腐熟后再施用。③中耕除草时避免太深伤根，防止病菌从伤口侵入，注意通风透光。④发病前喷 1∶1∶120 倍波尔多液，或 70% 代森锰锌 300 ～ 500 倍溶液，每 7 天喷 1 次，连续 2 ～ 3 次。发病后喷 0.2 ～ 0.3 波美度石硫合剂，或用 50% 甲基托布津 800 ～ 1000 倍液或 25% 粉锈宁 1000 倍液喷雾防治。

2. 根腐病

根腐病也是一种真菌病害，主要为害防风的根，使植株的根腐烂，叶片逐渐枯萎，变黄，最后整个植株死亡，一般多在夏季高温多雨季节发生。

防治方法：发现病株要及时拔除，在病株的病穴撒石灰粉进行消毒。

3. 斑枯病

斑枯病的病原菌是一种半知菌，主要为害防风的叶片。叶片两面都生有病斑，病斑圆形或近圆形，直径 2 ～ 5 毫米，褐色，边缘深褐色，上面密生小黑点，这是病原菌的分生孢子器，病情严重时整个防风的叶片将全部枯死。高温、高湿、持续阴雨天气最易发病。东北地区一般在 7 月发病，8 月为发病盛期。

防治方法：①秋末要搞好清园工作，彻底清除田间病残体，集中烧毁，以减少越冬菌源量。②发病初期及时摘除病叶。

二、虫害及其防治

1. 黄凤蝶

黄凤蝶的幼虫称为茴香虫，一般多在 5 月发生，茴香虫咬食叶片及花蕾，严重时叶片全部被害虫吃光。

防治方法：①应控制在 3 龄以前消灭，3 龄以前害虫尚幼小，可以进行人工捕杀。②幼龄期喷 90% 敌百虫 800 倍液，每 5 ～ 7 天 1 次，连续 2 ～ 3 次，或喷青虫菌（含孢子 100 亿 / 克）300 倍液。

2. 黄翅茴香螟

黄翅茴香螟在防风现蕾期发生，幼虫在花蕾上结网，咬食花和果实，使防风不能结实，严重时防风完全没有种子。

防治方法：害虫发生时，于早晨或傍晚用 90% 敌百虫 800 倍液进行喷杀。

第六节　防风商品和加工炮制

一、商品种类和规格

商品防风按照《中华人民共和国药典》2015 年版（一部）规定，防风的根是防风的正品，但在药材市场上还有竹叶防风、松叶防风、水防风等，也作为防风销售，但不是正品防风。

正品商品防风分为以下两等。

①一等：干货。根呈圆柱形。表面有皱纹，顶端带有毛须，外皮黄褐色或灰黄色，质松较柔软。断面棕黄色或黄白色，中间淡黄色。味微甜。根长 15 厘米以上。无杂质、虫蛀、霉变。

②二等：干货。根呈圆柱形，偶有分枝。表面有皱纹，顶端带有毛须，外皮黄褐色或灰黄色，质松较柔软。断面棕黄色或黄白色，中间淡黄色。味微甜。芦下直径 0.6 厘米以上。无杂质、虫蛀、霉变。

抽薹根空心者不能收购。

二、习用品及其鉴别

我国在一些省份还常常把伞形科的一些植物作为防风收购，这些防风的性状特征有区别，可以进行识别。目前存在的问题是，在栽培防风中也混入了这些地方习用的品种，因此目前同样叫作防风的种子，但不一定是正品防风的种子，可能是非正品防风类植物的种子。由于药农没有这方面的知识，在购买种子时不能识别，往往把非正品的防风种子误作为正品防风种子购进，从而使栽培出的防风不是真正的防风，造成经济上不应有的损失。为此，在这里向读者介绍不同防风种子的形态特征，以便能正确区分真正的防风种子，在购买防风种子时能够正确识别。

防风种子（实际是果实）的鉴别主要依靠双悬果形状、附属物、油管、果棱数目等，读者在购买防风种子时，可以用刀片把种子切开，从横切面上来区别。下面把 11 种商品防风的果实形态、压扁方向、油管分布及构造特征做一简单介绍。

1. 防风

果实椭圆形，具 5 个纵棱。果实成熟后，表面有纵向平行而稍弯曲的棱线，每个棱槽有油管 1 个，合生面有油管 2 个，果棱部有假油管 1 个。

2. 绒果芹

果实卵状长圆形，表面密生腺毛，表面密被单列 1 ～ 2 个细胞组成的非腺毛，每个棱槽有油管 1 个，合生面有油管 2 个。

3. 宽萼岩风

果实椭圆形，表面密被单细胞非腺毛，每个棱槽有油管 1 个，合生面有油管 2 个。

4. 竹叶西风芹

果实椭圆形，表面有纵向棱脊，脊上具细密的平行棱线，果实横切面呈等径性，或背腹稍压扁，每个棱槽有油管 1 ～ 2 个，合生面有油管 4 个。

5. 松叶西风芹

果实椭圆形，表面棱线较上种粗而扭曲，呈索状，果实横切面呈等径性或背腹稍压扁，每个棱槽有油管 1 个，合生面有油管 4 个。

6. 杏叶防风

果实卵圆形，表面密生圆头状突起，突起表面又具有细密疣点，果实横切面呈五角形，每个棱槽有油管 2 ～ 4 个，合生面有油管 2 ～ 4 个，最多可以有油管 8 个。

7. 华山前胡

果实椭圆形，表面密被单细胞非腺毛，果壁上有横向或纵向紧密排列的索状纹理，侧棱翅状，每个棱槽有油管 1 个，合生面有油管 2 个。

8. 竹节前胡

果实长圆形，表面具纵向平行而弯曲的条索状棱线，侧棱翅状，每个棱槽有油管 1 ～ 2 个，合生面有油管 6 个。

9. 华中前胡

果实长圆形，表面可见少数乳突，果壁具放射状排列的短棱线状纹理，侧棱翅状，每个棱槽有油管 3 ～ 4 个，合生面有油管 6 个。

10. 葛缕子

果实长圆形，表面具纵向棱线，并可见斜向隆起的皱褶，其上又有相互略平行的棱线，每个棱槽有油管 1 个，合生面有油管 2 个。

11. 田葛缕子

果实椭圆形，果壁具不规则鳞片状突起，每个棱槽有油管 1 个，合生面有油管 2 个。

第七节　防风生产操作规程的制定

为了帮助读者在今后防风的栽培和生产过程中学会制定生产操作规程，在此提出一些制定防风生产操作规程的建议，供读者制定规程时参考。

一、防风生产基地自然环境条件说明书

在该文件中，首先要说明选择种植防风的理由，如本地区是否为防风的适宜生长区，有无种植历史，在本地区种植是否可以保证防风的质量符合要求，最好能提出防风药材的质量资料。

在文件中还应简要介绍基地的地形地貌、气候条件（这些资料可以从有关部门获得）。同时说明基地的土壤情况，包括土壤类型、土壤的理化分析，特别要说明土壤中的农药残留量和重金属含量是否超过规定的标准。土壤检测标准按国家《土壤环境质量标准》（GB 15618—1995）进行，另外，应对基地的水质和大气进行评价，其检测应符合国家《环境空气质量标准》和《农田灌溉用水质标准》。

二、防风种子质量标准及操作规程

规程内要规定使用种子的种名（并应写出拉丁学名）、种子的来源、种子的质量要求，包括：种子的形态特征、千粒重、发芽率、发芽势、含水量、纯度、净度、贮存方法等。如果使用的种子不符合规定的要求，则不能使用。

三、防风整地操作规程

规程内应包括：整地方式，如畦田或垄作等；整地的规格，如垄距、畦田的规格等；秋翻地的深度及是否施肥，如需进行施肥，应写明施肥的种类、数量、时间和方法等。

四、防风播种操作规程

规程内应包括以下内容：种子处理（应详细说明种子处理的方法）、播种时间、播种方法、播种深度、播种数量、株行距等。

五、防风育苗移栽操作规程

规程内包括亩保苗株数、种苗的分级标准（种苗的高度或达到移栽时，幼苗的形态指标）。种苗移栽的操作规程包括：移栽前幼苗的预处理、种植密度（株行距）、移栽方法、培土厚度、移栽时间，如需进行地膜覆盖，应详细说明覆盖的具体要求及覆盖方法等。

六、防风施肥、排水及田间管理操作规程

规程内包括土壤肥力测定，作为合理施肥的依据。肥料的种类、施肥量、施肥时间和次数，是否使用各种生长调节剂，如使用需指明使用的种类、数量、使用时间和方法。由于中药材是一种比较特殊的农作物，它们对于肥料的要求，和其他的农作物（如粮食作物、蔬菜作物等）完全不同，因此应在进行试验的基础上，优选出最佳的施肥方案。同时还可以参考绿色食品生产中肥料使用准则的有关规定，结合中药材生产的具体情况并参考国际上药用植物生产的经验，制定出防风施肥的操作规程。

在排水方面，应写明排水的可能时间和排水的方法与措施。

在田间管理方面主要包括：间苗的时间、次数，间苗方法，株行距，亩保苗株数；中耕除草的次数、时间和方法，如用除草剂必须详细说明除草剂的性质，对栽培的植物有无为害和有无农药残留等，是否需要打顶，如需要进行，则必须说明打顶的时间和方法。

七、病虫害防治和农药使用操作规程

规程内包括：防风在本地区病虫害的种类、出现频率、为害程度。这些项目需要在调查和查阅过去记录的基础上提出，作为进行病虫害防治的依据。特别是在大面积栽培一种中药材时，往往会出现不可预测的病虫害，因此这种调查是非常必要的，千万不能忽略。在规程中要规定使用农药的时间、数量和方法。要严格规定不能使用国家明令禁止使用的农药，并应规定检查土壤中农药残留和重金属的时间与具体方法，以确保生产的中药材合乎质量要求。

八、防风药材采收、产地加工操作规程

在规程内应包括 3 个方面：防风药材的采收、产地加工和药材的干燥方法与技术要求。

①防风药材的采收：规程内要严格规定采收的年龄或采收期（不得因为商品短缺、价格上涨，就提前采收）、采收时间和方法。特别要在规程内规定采收药材的质量标准，以保证药材不受损伤。同时还要规定采收后从田间运送到加工地点的方法和要求。对防风来说，由于它的根系较深，因此在制定采收规程时，必须明确提出其最低长度，以保证药材合乎商品规格。

②防风药材的产地加工：对于防风来说，产地加工的要求比较简单，主要是提出对防风的修整，例如，如何去掉芦头，扎捆或扎把的具体要求等。

③药材的干燥：防风根采收后，由于水分含量较高，必须进行晾晒，在规程内应规定用什么方法进行干燥（阴干等）、干燥程度（含水量的要求）和不允许在阳光下进行晾晒等。

九、包装、贮藏、运输操作规程

目前中药材的包装方法和使用的包装材料比较原始，而且大多数是使用麻袋、竹筐或柳条筐包装，很少使用纸箱进行规格化包装，严重影响了药材的质

量和出口。为此在规程内必须明确规定包装的材料和规格、装箱的方法，并应在箱内附上说明（包括品名、重量、规格、装箱日期、装箱人等），以确保每箱都有责任人，以便于检查和事后追查。

中药材贮藏和运输对中药材的质量有重要的影响，但过去人们往往忽略了这个问题。因此在规范中应有详细的规定，以确保药材的质量。在制订具体的方案时，可参考药品包装和贮藏及运输的有关规定。

十、防风生产基地生产设施及装备操作规程

规程内应对基地内的各种生产设施，如工具库、农药库、农机具及其他装备，做出详细的规定，要明确责任人、保管和维护的要求与方法、使用时的要求和检查。特别是一些设备，如喷雾器等，如果没有严格的制度，不但会过多地消耗设施和设备，而且会严重影响中药材的质量。

十一、防风生产基地人员培训操作规程

为了保证防风栽培技术的统一和更好地执行操作规程，必须定期对基地的生产人员进行培训。特别是在基地中往往会雇用一些临时工，更应该对他们进行培训。因此应在规程内制定管理人员、技术人员和技术工人的培训内容、培训时间与方法，所要达到的要求，以及对基地的正式工作人员的考核，并应制定各个岗位的岗位责任制。

十二、防风生产基地文件记录操作规程

记录文件如表 5.1、表 5.2 所示。

表 5.1 防风栽培田间管理档案

种别		种子来源		地形		土壤类型	
千粒重		发芽率		种子处理			
播种日期		播种方法		亩播量			
栽培方式		行距		株距			

续表

<table>
<tr><td rowspan="2">田间管理</td><td colspan="3">第一年</td><td colspan="3">第二年</td><td colspan="2">第三年</td></tr>
<tr><td colspan="3"></td><td colspan="3"></td><td colspan="2"></td></tr>
<tr><td rowspan="3">防治病虫害</td><td colspan="2">项目</td><td colspan="2">第一年</td><td colspan="2">第二年</td><td colspan="2">第三年</td></tr>
<tr><td colspan="2">为害种类、情况、程度</td><td colspan="2"></td><td colspan="2"></td><td colspan="2"></td></tr>
<tr><td colspan="2">防治措施和结果</td><td colspan="2"></td><td colspan="2"></td><td colspan="2"></td></tr>
<tr><td rowspan="4">收获</td><td rowspan="4">根的产量</td><td>日期</td><td>收获量</td><td>方法</td><td>根产量</td><td>鲜重</td><td>干重</td><td>收获方法和日期</td></tr>
<tr><td></td><td></td><td></td><td></td><td></td><td></td><td></td></tr>
<tr><td></td><td></td><td></td><td></td><td></td><td></td><td></td></tr>
<tr><td></td><td></td><td></td><td></td><td></td><td></td><td></td></tr>
<tr><td colspan="2">种子产量</td><td colspan="7"></td></tr>
<tr><td rowspan="4">经济效益分析</td><td colspan="2">种子费</td><td>肥料费</td><td>机耕费</td><td>农药费</td><td>全年用工量及费用</td><td>其他</td><td>总计</td></tr>
<tr><td colspan="2"></td><td></td><td></td><td></td><td></td><td></td><td></td></tr>
<tr><td colspan="2">产品等级</td><td colspan="2">经济收入</td><td colspan="2">盈亏情况</td><td colspan="2">其他</td></tr>
<tr><td colspan="2"></td><td colspan="2"></td><td colspan="2"></td><td colspan="2"></td></tr>
</table>

表 5.2　防风物候期观察记录

株龄		年降水量		年积温	
物候期	日期		情况		
播种期（返青期）					
出苗期					
第一真叶期					
幼苗期					
生长期					
孕蕾期					
始花期					
盛花期					
结果期					
枯萎期（收获期）					
备注					

第六章　甘　草

第一节　概　述

甘草，别名乌拉尔甘草、甜草根、红甘草、粉甘草、粉草等。根为常用中药，有清热解毒、润肺止咳、调和诸药功效。主治脾胃虚弱、中气不足、咳嗽气喘、痈疽疮毒、腹中挛急作痛等症。

《中华人民共和国药典》2015年版（一部）规定，正品甘草为豆科植物甘草（*Glycyrrhiza uralensis* Fisch.）、胀果甘草（*Glycyrrhiza inflata* Bat.）或光果甘草（*Glycyrrhiza glabra* L.）的干燥根。在我国以乌拉尔甘草的分布范围最广，药材品质最优，目前引种栽培的基本上为乌拉尔甘草。因此，本章只对乌拉尔甘草的栽培技术进行叙述。

甘草是一种重要的大宗药材，同时又是食品、香烟及其他轻工业的重要辅料，年需求量巨大。近年来，随着野生甘草资源日趋枯竭，人工栽培生产甘草逐渐成为人们的研究热点。我国早在20世纪60年代就开始了甘草野生变家栽的研究工作，目前，种子处理、播种育苗及移栽等常规种植技术体系已基本成型，有关甘草遗传多样性和种质选育方面也取得了很大进展，人工栽培甘草的药材品质偏低是影响当今人工甘草发展的主要瓶颈，如何培育优质稳定的人工甘草是今后甘草栽培的研究重点。

一、形态特征

1. 甘草（图6.1）

多年生草本植物，高30～150厘米。根及根状茎粗壮，圆柱形，主根甚长，粗大有甜味，皮部红褐色或暗褐色，内部黄色。茎直立，有白色短毛及腺鳞或腺状毛，下部微木质化。叶互生，单数羽状复叶，卵形，小叶4～8对，小叶片卵圆形、卵状椭圆形或偶近于圆形，长 2.0 ～ 5.5 厘米，宽 1.5 ～ 3.0 厘米，先端急尖或近钝状，基部通常圆形，两面被腺鳞及短毛。

花序为总状花序，腋生，花密集，花萼钟形，萼齿 5 裂，披针形。花冠蝶形，蓝紫色或紫红色，旗瓣大，长方椭圆形，先端圆或微缺，下部有短爪，龙骨瓣直，较翼瓣短，均有长爪。雄蕊 10，2 体雄蕊，花丝长短不一，花药大小不等；雌蕊 1，子房无柄。

荚果长圆形，有时呈镰刀状或环形，长 3 ～ 4 厘米，宽 6 ～ 8 毫米，密生棕色刺毛状腺体。

种子 2 ～ 8 粒，扁圆形或肾形，黑色光滑。千粒重 8 ～ 14 克，花期为 6—8 月，果期为 7—9 月。

图 6.1 甘草形态（郭巧生，2008）

1. 花枝 2. 果实 3. 根

2. 胀果甘草

多年生草本植物，高 50 ～ 120 厘米，基部多为木质粗壮，根粗大，皮部灰褐色。茎直立，有淡黄色腺鳞。叶互生，单数羽状复叶，小叶片 3 ～ 9 片，椭圆形或倒卵形，长 1.5 ～ 5.0 厘米，宽 0.5 ～ 3.0 厘米，先端尖，基部楔形或圆

形，两面有腺点，上表皮腺点暗褐色，下表皮腺点淡黄绿色。

花序为总状花序，腋生，排列疏松，花萼钟形，萼齿5裂，披针形。蝶形花冠，紫红色或淡紫色。

荚果长圆形，呈镰刀状弯曲，长0.8～2.0厘米，有少许腺毛，表面灰褐色。

种子1～7粒，圆肾形。花期为6—8月，果期为7—8月。

3. 光果甘草（欧甘草、洋甘草）

多年生草本植物，高80～180厘米，皮部灰褐色。茎直立，有腺鳞和白色短柔毛。叶互生，单数羽状复叶，小叶片5～19片，卵圆形或长椭圆形，长2～4厘米，宽0.2～2.0厘米，先端微缺，基部楔形或圆形。

花序为穗状花序，腋生，排列疏松，花萼钟形，萼齿5裂，钟形。蝶形花冠，紫色或淡紫色。

荚果椭圆形或长卵形，弯曲，长0.2～0.4厘米，有少许腺毛。

种子3～7粒，卵圆形。花期为6—8月，果期为7—9月。

二、资源分布

1. 野生甘草

甘草分布于我国黑龙江、吉林、辽宁、河北、山西、内蒙古及陕西、甘肃、青海、新疆、山东等省区。甘草中心分布区为内蒙古、宁夏、甘肃和新疆等省区。

胀果甘草分布在新疆，集中分布区有南疆、塔里木河、叶尔羌河与和田流域，这些是我国甘草药材蕴藏量和产量最高的地区。

光果甘草分布于我国黑龙江、吉林、辽宁、河北、山西、内蒙古及陕西、甘肃、青海、新疆等省区。药材主要产于新疆伊犁河谷的地区。

2. 甘草药材

东甘草又名东草，原植物为甘草，主产于黑龙江、吉林、辽宁及内蒙古等省区。

西甘草又名西草，原植物为甘草，主产于内蒙古、宁夏、甘肃、陕西等省区。根据具体产地又可细分为梁外草、王爷地草、西镇草、上河川草、新疆草等。习惯认为产于内蒙古杭锦旗的梁外草品质最优，为地道药材。

新疆甘草，原植物包括 3 种药用甘草，新疆 85% 的地区均有分布，该地区甘草生长迅速，种类多，产量大。

三、化学成分和功效

1. 化学成分

甘草根及根茎含甘草酸、甘草苷、甘草苷元、异甘草苷、异甘草元、新甘草苷、新异甘草苷。此外，还有甘露醇、葡萄糖、淀粉和少量挥发油等。

2. 药理作用

甘草为常用中药，味甘、性平，有清热解毒、润肺止咳、调和诸药的功效。炙甘草能补脾益气。用于治疗咽喉肿痛、咳嗽、胃及十二指肠溃疡、肝炎、癔症、痈疖肿毒、药物及食物中毒等。由于其有调和诸药的功效，因此中医有“十方九甘草”之说。

①消化系统作用：甘草酸对溃疡有明显保护作用，有增加胃液分泌量趋势。甘草流浸膏有保护作用，甘草酸能增加输胆管瘘兔的胆汁分泌。

②心血管系统作用：炙甘草提取液有明显的抗乌头碱诱发心律失常作用。炙甘草煎剂使心脏收缩幅度明显增加。甘草甜素有明显的降脂作用。

③呼吸系统作用：甘草浸膏和甘草合剂口服后能覆盖发炎咽部黏膜，缓和炎症对其的刺激，从而发挥镇咳作用。甘草还能促进咽喉及支气管分泌，使痰容易咳出，有祛痰镇咳作用。

④中枢神经系统作用：甘草具有保泰松或氢化可的松样抗炎作用，其抗炎成分为甘草酸和甘草次酸。甘草次酸有镇静、催眠、体温降低等作用。甘草次酸和甘草甜素有解热作用。

⑤泌尿、生殖系统作用：甘草酸及其钠盐，静脉注射增强茶碱的利尿作用，抑制雌激素对成年动物子宫的增长作用，甘草甜素有抗利尿作用。

⑥解毒作用：甘草浸膏及甘草酸对某些药物中毒、食物中毒、体内代谢产物中毒都有一定解毒能力，解毒作用有效成分为甘草酸。

四、市场需求和栽培经济效益

甘草是我国大宗常用中药材和工业原料，国内、国际市场需求量大。甘草除了药用，还广泛应用于食品、饮料、烟草、化工、酿造等行业。

我国甘草商品主要来源于内蒙古、新疆、宁夏及河北、陕西、甘肃三省北部干草原地区的野生资源。近50年，甘草销量呈上升趋势，特别是近20年来，增幅更大。随着改革开放，我国甘草在国际市场上销量逐年增加，年出口量由20世纪80年代1200多万公斤，增加到20世纪90年代的3500万公斤。

种植3年甘草，亩产干货可达650～1000公斤，2年甘草可达500～600公斤。2016年，甘肃甘草条子价格约为13元/公斤。

第二节　甘草生长习性和生长结构

一、生长发育

1. 种子萌发特性

甘草种子也是硬实性种子，不容易吸收水分膨胀。甘草种子发芽率一般在10%～15%，甘草种子发芽率会因贮藏时间增加而降低。栽培甘草种子发芽率则比较高，试验表明，在常温下贮藏13年的种子发芽率尚可达到60%。甘草种子的吸水能力非常强，在极度干旱的条件下（4巴），也能迅速吸足萌发所需的水分。种子萌发的适宜土壤含水量为7.5%以上。甘草种子经过人工处理，播种后，发芽的最低温度为6℃，最适宜温度为15～30℃，最高温度为45℃。种子萌发后，种皮留在土内，子叶对生，椭圆形。甘草长3～4个叶片时，子叶才枯萎脱落。

2. 根的生长

甘草根有主根和不定根。主根垂直生长，上端粗大，下端生长侧根，并有许多须根，第一年可长至50～60厘米，第二年可长到70～80厘米，五年生甘草根可长至150厘米。栽培5年以内的甘草，其主根长度和株高均随株龄增加而增长，两者呈正相关。具体表现为：主根长度和植株高度不论绝对增长量还是增长率，根的增长都大于茎的增长；各株龄根长和茎高的增加同时表现为慢—快—慢的规律，其中，无论增长量还是增长率，均以三年生最高。

甘草主根生长不定根，不定根深度可以达1.5米，最深甚至达8～9米。

3. 茎的生长

茎分为根茎和地上茎。根茎长在土壤中。根茎也可以作为药用。根茎有两种形态：直立根茎，垂直向下生长；横走根茎，沿水平方向生长。根茎上有节，节为茎的特征，根没有节，这是区别根茎和根的主要特征。

横走根茎顶端可以出土形成新的地上茎。直立根茎秋季会形成数个更新芽，第二年春季萌发形成新的地上茎，根茎最多可以有 10 ～ 20 个更新芽。

甘草播种后，一年生植株茎生长较慢，到秋季株高为 40 ～ 50 厘米，茎部直径为 2.0 ～ 3.5 厘米。

第一年地上茎，当年秋末死亡，当年 7—8 月形成新的更新芽，更新芽第二年萌发长成新的地上茎，至秋季可长至 0.6 ～ 1.0 米，第三年株高可达 0.8 ～ 1.5 米。四年生植株新生茎均自根头部萌生，生长出新的地上茎。

4. 花、果实生长发育

一般在第三和第四年开花，花期在 6 月下旬至 7 月下旬。在 8 月下旬至 9 月上旬荚果成熟，荚果内有 2 ～ 7 粒种子。甘草是自花授粉植物，花从花序基部向上顺序开放，花药风干开裂，花粉飘落，完成授粉过程，子房膨大，逐渐形成果实，盛花期一般在 30 天左右。每朵花从受精到形成种子，一般需要 15 天。幼果为绿色，到 8 月中旬至 9 月中旬果实成熟，果实呈棕色。

二、物候期

甘草从播种开始，到植株死亡，其物候变化有以下几个时期：第一年：播种期、幼苗期、生长期、枯萎期。第二至第四年：返青期、生长期、孕蕾期、始花期、盛花期、结果期、枯萎期（收获期）。在观察时，应进行记载，记录如表 6.1 所示。

（1）第一年

①播种期：播种后 10 ～ 15 天即可萌发出土，出土后 2 枚子叶长出，同时第一片真叶开始生长。

②幼苗期：幼苗出土后，生长速度较快，一般 15 天即可长至 30 ～ 40 厘米。

③生长期：甘草进入生长期以后，茎部开始木质化，茎为圆柱形，出现腺毛，高度可达 0.5 ～ 1.0 米，不开花。

④枯萎期：甘草一般在9月上旬至10月上旬便枯萎死亡，尤以在东北地区更为明显。当年在根颈区可形成更新芽。

（2）第二至第四年

①返青期：一般在5月初，15天左右。二年生甘草复叶小叶片达3～5片，生长至7月株高可以达到1.0～1.5米。

②生长期：5月上旬甘草进入生长期，茎最初为绿色，以后随着生长，茎基部开始木质化，茎的颜色加深呈暗绿色，直立。

③孕蕾期：6月中旬甘草进入孕蕾期，10天左右，此时花蕾逐渐变大，呈浅紫色。

④始花期：6月末至7月初甘草进入始花期。

⑤盛花期：7月初到7月15日为甘草盛花期，花大量开放。

⑥结果期：9月上旬甘草开始结果，约经过10天果实成熟。

⑦枯萎期（收获期）：9月中下旬，不同产地甘草逐渐枯萎，此时正是收获甘草根的最佳时期。

表6.1　甘草物候期观察记录

株龄		年降水量		年积温	
物候期	日期		情况		
播种期（返青期）					
幼苗期					
生长期					
孕蕾期					
始花期					
盛花期					
结果期					
枯萎期（收获期）					
备注					

第三节　甘草生物学特性

一、对土壤条件要求

甘草多生长于北温带地区。野生甘草伴生罗布麻、胡杨、芦苇、沙蒿及麻黄等植物。土壤多为沙质土。土壤酸碱度以中性或微碱性为宜，在酸性土壤生长不良。甘草对土壤的适应范围较宽，深厚疏松无石砾的沙壤土至轻壤质的土地为好，干旱钙质土生长良好。此外，甘草还具有一定的耐盐性，总含盐量在0.08%～0.89%的土壤上均可生长，但不能在重盐碱化的土壤或重盐碱土壤上生长。

二、对温度条件要求

甘草对温度具有较强的适应性，野生甘草分布区的年均温度为3.5～9.6℃，最低温度在−30℃以下，最高温度为38.4℃。夏季酷热、冬季严寒、昼夜温差大的生态环境适于甘草生长，例如，在新疆吐鲁番地区最高温度在36℃，也能正常生长。

三、对水分条件要求

甘草具有较强的耐干旱、耐沙埋的特性。野生甘草分布区的降水量一般在300毫米左右，不少地区甚至在100毫米以下，在干旱的荒漠地区甘草能形成单独的种群。甘草喜生长在盐分少、土层深厚、微碱性的沙壤土，涝地和地下水位高的地块不宜种植。

四、对光照条件要求

甘草是喜光照阳性植物，不耐遮阴。野生甘草分布区的年日照时数为2700～3360小时，充足的光照条件是甘草正常生长的重要保障。当日照时间少于9小时时，生长缓慢，开花期间日照时数如果少于4小时，会影响开花率。

第四节　甘草栽培技术

甘草野生变家种历史较短，目前还没有选育出真正意义上的优良品种，栽培所用种子均来自野生。近年有关于甘草种源试验和甘草变异类型的研究很多，甘草多点种源试验的结果表明，内蒙古自治区鄂尔多斯市杭锦旗和鄂托克前旗所产甘草种子较为优良，一年生甘草的甘草酸含量显著高于其他种源。对甘草形态特征研究发现，野生甘草存在丰富的形态变异，根据茎皮颜色及叶片形态等形态指标，可以划分为 8 种形态变异类型。不同类型中，以绿茎茎光滑类型的各类药用成分含量高（表 6.2）。

表 6.2　不同甘草变异类型药用成分含量的比较（$n = 6$）

变异类型名称	甘草苷 / %	甘草酸 / %	总黄酮 / %	多糖 / %
绿茎茎光滑类型	2.45 ± 0.10 a	3.70 ± 0.25 a	6.90 ± 0.09 a	9.32 ± 0.93 b
绿茎叶片皱褶类型	1.83 ± 0.16 b	2.98 ± 0.09 b	4.59 ± 0.20 c	8.05 ± 1.06 cd
绿茎叶片平展类型	1.27 ± 0.07 c	2.13 ± 0.21 c	5.47 ± 0.23 b	8.55 ± 1.11 bcd
绿茎茎光滑结果类型	2.00 ± 0.10 c	2.02 ± 0.19 c	5.28 ± 0.10 b	7.66 ± 1.17 d
黄绿茎茎稀刺毛类型	0.90 ± 0.04 d	1.49 ± 0.13 e	4.93 ± 0.08 b	9.09 ± 1.33 bc
绿茎茎密刺毛类型	0.93 ± 0.04 d	1.55 ± 0.04 e	4.35 ± 0.16 c	7.39 ± 1.18 d
紫红茎茎光滑类型	0.75 ± 0.02 e	1.81 ± 0.07 d	4.28 ± 0.15 c	10.84 ± 1.13 a
紫红茎基茎光滑类型	0.77 ± 0.04 e	1.80 ± 0.11 d	4.57 ± 0.13 c	11.32 ± 1.05 a
平均值	1.36	2.18	5.05	9.03
F 值	974.890**	188.958**	6.235*	4.922*

注：* 显著差异（$P<0.05$）；** 极显著差异（$P<0.01$）；表中同列不同字母表示多种比较极显著差异（$P<0.01$）（杨全等，2006）。

一、选地和整地

栽培甘草地块会直接影响到甘草根的质量，如在沙丘地带或河流两岸地势高的冲积土地块种出的甘草，根长而顺，纤维少，甜味浓，而在土层薄、土壤黏湿的土地上种植出的甘草，根分枝多而细，粉质少，甜味轻，所以应选土层深厚的沙壤土。

选择地势高燥，土层深厚、疏松、排水良好的向阳坡地。当年秋季深翻30～40厘米，施足底肥，每亩施用厩肥2000～4000公斤。翻好地，耙平，再起垄，垄宽60厘米，也可以采取畦作，田畦高10～20厘米。

二、播种和育苗

1. 繁殖方法

甘草可用根状茎无性繁殖，也可用种子繁殖。

（1）用种子繁殖

甘草为硬实性种子，必须经过处理才能提高发芽率。

第一种处理方法是机械损伤，用碾米机快速将种子慢速打1遍，没有碾米机的地方也可用石碾代替。再用温水浸泡3小时，一般情况下会有90%的种子吸水膨胀。如果大多数种子没有膨胀，还应继续浸泡。此种方法快速简便，处理量大，播种后种子腐烂率低。碾磨处理技术要点是根据碾米机的类型、甘草种粒大小、种子的干燥程度，合理控制碾种的强度和次数。特别是种粒的均匀程度对于处理效果至关重要，如果种粒大小参差不齐，容易导致碾种时大粒种子碾磨过重损坏，而小粒碾磨不足的现象，对此一般解决的方法是在碾磨处理前，首先将种子过筛分级，再分级进行碾磨处理。一般需要碾磨1～2遍，处理效果以用肉眼观察绝大部分种子的种皮失去光泽或轻微擦破，但种子完整，无其他损伤为宜。更为可靠的方法是进行种子吸胀检查，方法是随机抽取一定量的种子，用温水浸泡3小时左右，如果有90%以上的种子吸水膨胀，说明种子已处理好可用于播种，如吸水膨胀的种子低于70%，还需要继续碾磨。

第二种方法是温水催芽，将种子在40～60℃温水中浸泡4～6小时，捞出后用湿布包好，放在温暖处保温。保湿催芽，待大部分种子裂口露芽时即可播种。此种方法简单，但较慢，播种后种子腐烂率高。

第三种方法是用硫酸处理，每公斤种子加入20毫升80%浓硫酸，搅拌均匀，使所有种子都沾上硫酸，20℃浸种1～2小时，待皮有破损后，用冷水冲洗掉硫酸，晾干即可。此种方法处理量大，但时间不好掌握。硫酸处理的技术要点是尽量使种子与浓硫酸成分接触，并根据种皮厚度，合理控制腐蚀时间。一般需要腐蚀70分钟左右，对于部分种皮厚的种子还需适当延长，这就要求在处理过程中要时时注意种子腐蚀程度，一般以多数种子上出现黑色圆形的腐蚀

斑点为宜。处理好的种子发芽率可达90%左右。

（2）根茎繁殖

在春秋季，选无病、无损伤、较细根茎，截成7～12厘米的小段，每段上应保证至少带有1个芽，按行距30～50厘米、株距15厘米、深5～10厘米种植，覆土，浇水，盖草保湿，10天左右可出苗。一般每亩需根状茎40～60公斤。根茎繁殖以秋季进行较好，可减少春天因采挖或移栽不及时造成的新生芽的损伤，提高成活率。为了防止根茎腐烂，应尽量减少根茎失水，此外，还可以在移栽前蘸取多菌灵等杀菌剂。

2. 播种

甘草播种可采用直播和育苗移栽两种。春、夏、秋季播种均可直播。直播在每年4—7月，行距50厘米，株距15厘米，播深3厘米，播后浇水盖草，保持湿润，7～15天即可出苗，每亩播种量1公斤左右。但具体播种期应该视土壤温度和水分状况确定，在土壤含水量适合的情况下，温度是种子萌发的限制因子。有研究表明，甘草在土壤温度大于10℃时即可萌发，最适宜的温度范围为25℃左右（表6.3）。

表6.3　温度与甘草种子发芽率的关系（王立等，1999）

温度/℃	开始萌发时间/天	发芽终止时间/天	发芽率	备注
8	—	10	0	种子仅吸水膨胀，芽不萌动
10	6	10	0	种子萌动，芽不伸长
15	4	10	60.5%	芽伸长缓慢
24	2	3	91.5%	芽伸长快
35	1.5	4	96.0%	发芽快而整齐
42	4	6	59.8%	发芽慢，其余种子腐烂

育苗移栽：这是一种速生高产的栽培方法，即首先选择肥水条件好的地块集中培育壮苗，再移栽到栽培地。育苗也可分春季育苗、夏季育苗和秋季育苗。一般多采用春季育苗，选择有灌溉条件、土层深厚、质地疏松较肥沃的沙壤地，施足底肥，作为育苗用地。播种时间与直播法基本相同，但下种量较大，3.0～5.0公斤/亩，种植株行距小，采用宽幅条播（幅宽20厘米，幅

间距 25 厘米），保证每亩不少于 7 万株苗。苗子采收于秋季甘草生长期结束后（10 月下旬至 11 月上旬）进行。采挖用犁深翻 50 厘米，结合人工搂挖。采挖后将苗子分级（表 6.4），再要剪去尾部直径 0.2 厘米以下部分和整株侧根、毛根及头部干枯茎枝，每 100 株或 200 株头部对齐，打成小捆。

表 6.4　甘草苗子等级标准（张吉树等，2006）

苗子级别	根长 / 厘米	芦头直径 / 厘米
特级	≥ 45	≥ 1.2
Ⅰ	35 ～ 45	0.8 ～ 1.2
Ⅱ	25 ～ 35	0.6 ～ 0.8
Ⅲ	20 ～ 25	0.4 ～ 0.6

注：当根长与芦头直径相矛盾时，芦头直径作为主要衡量指标。

三、田间管理

1. 移苗定植

移苗定植在秋末、春初进行，行距 50 厘米，株距 15 厘米，每亩可栽 6000 ～ 7000 株。栽后要浇 2 次透水。移栽时开 20 厘米深沟，将甘草根斜摆或平摆在沟内盖土，芦头在土下 2 厘米处，用脚踏实即可。

2. 中耕除草

甘草第一年生长较慢，要经常清除杂草，同时适当松土，也可在行间套种生长期短的蔬菜。一般在幼苗出现 5 ～ 7 片真叶时，进行第一次锄草松土，结合趟垄培土，提高地温，促进根生长。入伏后进行第二次中耕除草，再趟垄培土 1 次，立秋后拔除大草，地上部枯黄，霜后上冻前深趟一犁，培土压护根头越冬。第二年苗开始长大，只需用手拔除大草，不必锄地，以免损伤从根茎上萌发出的新株。垄种的可以进行三铲三趟，畦种的应拔除畦面杂草。

3. 排水灌水

甘草为耐旱植物，除苗期应保持土壤湿润外，其他时期可不浇水。土壤积水过多会影响根的生长，连雨天应及时排水。黏重或盐碱重土壤，可在播前灌水压碱，播后不灌水，防土表板结和返碱。另外，在初冬还要灌好越冬水。

4. 追肥

甘草对土壤肥力要求不高，第一年除播种前施肥外，可不必再施肥。第二年可追肥 2 ～ 3 次，第一次在春季返青后，施人粪尿 1500 ～ 2000 公斤，第二次在6—7 月，喷施 0.5% 尿素或过磷酸钙液 200 ～ 300 公斤，可分 2 ～ 3 次施用，第三次于秋季枯苗后，每亩追厩肥 2000 ～ 3000 公斤。第三年只在秋末每亩追厩肥 2000 公斤即可。第四年不必追肥。若 3 年收获，第三年也不必追肥。

四、采收

甘草用种子繁殖的 2 ～ 4 年可收获，用根状茎繁殖的 2 ～ 3 年可收获。收获期在晚秋较好。甘草根可长到 60 ～ 90 厘米，所以应深挖，尽量留整根，不伤表皮，可先刨出一半，再用力拔出。挖出后抖净泥土，去掉芦头，按主根、侧根、枝杈分别剪下晾晒，半干时按不同级别捆成小把，晒至全干。采挖甘草宜在晴天，理顺打好捆甘草要注意防雨、防水，否则容易造成甘草腐烂、发霉。

五、产地加工

甘草收获后要在产地趁鲜进行初加工。把甘草去掉芦头、支根和须根，晒至半干，捆成小把，再晒至全干。按等级要求切成 20 ～ 40 厘米的条甘草，扎成小把，小垛晾晒。5 天后起大垛继续阴干，15 天。再按国家口岸出口标准和国家中医药管理局内销标准进行分级，分级标准如表 6.5 所示，分级后打成 8 公斤左右的小捆，按等级起大垛。地面以原木架高铺席子再放甘草小捆，上盖席子自然风干。

表 6.5　甘草商品外观等级及规格

等级	根长 / 厘米	切面最小直径 / 厘米
特级条甘草	20 ～ 40	≥ 2.6
甲级条甘草	20 ～ 40	1.9 ～ 2.6
乙级条甘草	20 ～ 40	1.3 ～ 1.9
丙级条甘草	20 ～ 40	1.0 ～ 1.3
丁级条甘草	20 ～ 40	0.6 ～ 1.0

六、包装、贮藏和运输

1. 包装

甘草采收晾干后，按照等级打捆、包装。按不同等级，在包装物上拴上标签，一等品用红色签，二等品用绿色签，三等品用黄色签。外包装喷上商品名称、产地、批号、商标、条甘草等级、毛重、生产单位、生产日期等，并附质检合格证。同时做好批包装记录，内容包括品名、规格、产地、批号、重量、工号、日期等。

2. 贮藏

甘草应贮藏在通风干燥地方。适宜温度为30℃以下，相对湿度为60%～70%，保持清洁和通风、干燥、避光、防霉，并应该定期检查，一旦发现霉蛀，要及时进行晾晒。

3. 运输

批量运输时采用具有洁净、通气好、防潮运载容器的运输车辆，严禁与有毒、有害、易串味物质混装。在运输过程中，要注意打包，一般用麻袋封装，在运输过程中要避免被雨淋湿。

第五节　甘草病虫害防治

一、 病害及其防治

1. 锈病

锈病是真菌担子菌的一种，患病植株叶片背面出现黄褐色疱状病斑，叶表皮破裂，夏孢子飞散出来，为害健康植株，8月、9月形成黑色冬孢子堆过冬。

防治方法：早春夏孢子堆未破裂前及时拔除病株。选未感染锈病生长健壮的植株留种。收获后彻底清除田间病株体，冬春灌水，秋季适时割去地上部茎叶，集中病株残体烧毁，以减轻病害的发生。发病初期喷洒0.3～0.4波美度石硫合剂或97%敌锈钠400倍液，也可用1∶1∶150波尔多液防治。

2. 白粉病

白粉病是菌丝子囊菌的一种，病株主要在田间病株残体上越冬，为害叶片，病株叶片正反面出现白粉（孢子囊），严重时叶片枯黄，植株死亡。

防治方法：发病时喷洒0.2～0.3波美度石硫合剂或1∶1∶150波尔多液防治。

3. 根腐病

病菌侵入甘草根部致使根部腐烂，严重时甘草死亡。

防治方法：植株患病要及时用50%甲基托布津800倍液或75%百菌清灌根。

4. 褐斑病

病原菌为半知菌的一种，为害叶片，叶片出现圆形或不规则形病斑，病斑中央褐色，叶片正反面显出灰黑色霉状物。

防治方法：集中病残株烧毁。发病初期喷1∶1∶120波尔多液或70%甲基托布津可湿性粉剂1000～1500倍液。

二、虫害及其防治

1. 叶蝉

叶蝉在甘草整个生长期都会出现，主要以若虫、成虫吸食甘草叶、幼芽和幼枝为主，主要症状是在叶及枝上出现银白色点状斑，叶片变成黄色，最后脱落。

防治方法：秋季消除田间杂草，集中烧毁，消灭越冬寄主。在叶蝉出现高峰期（一般为6月下旬至8月中旬），在成虫期利用灯光诱杀，可以大量消灭成虫；成虫早晨很不活跃，可以在露水未干时，进行网捕；在9月底至10月初，当雌成虫转移至树木产卵及4月中旬越冬卵孵化、幼龄若虫转移至矮小植株上时，虫口集中，可以用90%敌百虫、80%敌敌畏1000倍液喷杀。

2. 甘草种子小蜂

甘草种子小蜂为害种子。在果实未成熟时将卵产于青果期种子种皮上，幼虫孵化后蛀食种子，并在种子内化蛹，成虫羽化，咬破种皮飞出，严重时会使50%种子受害。

防治方法：秋季消除田间杂草。种子处理，去除虫籽或用西维因粉拌种。

3. 蚜虫

成虫和若虫为害甘草嫩枝、叶片、花和果实，5—8月为多发期，严重时导致叶片发黄，大量脱落，影响甘草结实和产品质量。防治方法：发生期用飞虱宝（25%可湿性粉）1000～1500倍液、赛蚜朗（10%乳油）1000～2000倍液、吡虫啉（10%可湿性粉）1500倍液、蚜虱绝（25%乳油）2000～2500倍液喷洒全株，并在5～7天后再喷1次，便可较长期有效控制蚜虫为害。

4. 甘草萤叶甲

成虫为害叶片，咬食后叶片仅残留叶脉和上表皮，虫孔密集，严重时整个叶片被吃光，发生期在4—9月，1年可以发生2～3代。成虫秋季落在土壤越冬，第二年孵化继续为害植株。

防治方法：秋季焚烧有病枯枝落叶。可用敌百虫1000倍液于上午11时前喷雾杀虫。

第六节 甘草商品种类

一、药材性状特征

甘草：根呈圆柱形，长25～100厘米，直径0.6～3.5厘米。外皮松紧不一。表面红棕色或灰棕色，具显著的纵皱纹、沟纹、皮孔及稀疏的细根痕。质坚实，断面略显纤维性，黄白色，粉性，形成层环明显，射线放射状，有的有裂隙。根茎呈圆柱形，表面有芽痕，断面中部有髓。气微，味甜。

胀果甘草：根及根茎木质粗壮，有的分枝，外皮粗糙，多灰棕色或灰褐色。质坚硬，木质纤维多，粉性小。根茎不定芽多而粗大。

光果甘草：根及根茎质地较坚实，有的分枝，外皮不粗糙，多灰棕色，皮孔细而不明显。根呈圆柱形，长20～100厘米，直径0.5～3.5厘米。外皮松紧不一。表面红棕色或灰棕色。有明显的纵皱纹、沟纹、皮孔及稀疏的细根痕。质地坚实，横断面略微显纤维性，黄白色，粉性，形成层环明显，有裂隙。根茎为圆柱状，表面有芽痕，横断面中部有髓。气微，味甜而特殊。以身

干、皮细而紧、外皮颜色微红棕色、横断面黄白色、质地坚硬、体重、粉性足者为佳品。

二、甘草等级标准

甘草等级标准如表 6.6 所示。

表 6.6　甘草等级标准

名称	等级	规格
西草	一等	长 17 厘米以上，粗 0.5 厘米以上
	二等	长 17 厘米以上，粗 0.5 ～ 1.4 厘米
	混等	长 17 厘米以下的短节
	混等	大小长短不分的根头
东草	一等	长 17 厘米以上，粗 0.5 厘米以上
	二等	长 17 厘米以上，粗 0.5 ～ 1.4 厘米

三、商品种类

1. 西草系列

①梁外草，产于内蒙古鄂尔多斯市杭锦旗。
②西镇草，产于宁夏盐池、陶东、平罗。
③上河川草，产于内蒙古鄂尔多斯市达拉特旗。
④边草，产于陕西省靖边、定边。
⑤西北草，产于甘肃省民勤、庆阳、张掖、玉门等市县。
⑥下河川草，产于内蒙古包头市土默特旗、托克托、林格尔等市县。
⑦新疆草，产于新疆维吾尔族自治区。

2. 东草

东北草，产于内蒙古赤峰市、通辽市、呼伦贝尔市。

3. 加工商品

①皮甘草（皮草），采收加工后保留栓皮的甘草。

②粉甘草（刮皮草、白粉草），采收加工时刮去栓皮切段的甘草。

③甘草节（粉草节），甘草根及根茎中加入棕褐色树脂状物质的甘草。

④甘草头（疙瘩头），甘草根茎上端芦头。

⑤甘草梢（生草梢），根草的末梢和细根。

以上商品均以皮细而紧、质地坚硬、红棕色、粉性大、甜味浓、干燥没有杂质者为佳品。

第七节　甘草生产操作规程的制定

读者可以参照黄芪生产操作规程来制定。

参考文献

[1] 王良信. 黄芪 龙胆 桔梗 苦参 [M]. 北京：科学技术文献出版社，2002.

[2] 王良信. 黄柏 刺五加 五味子 防风 [M]. 北京：科学技术文献出版社，2002.

[3] 周荣汉. 中药资源学 [M]. 北京：中国医药科技出版社，1993.

[4] 刘鸣远，王栋，都晓伟 . 根类药材植物生物学 [M]. 北京：中国农业科技出版社，1995.

[5] 田义新 . 药用植物栽培学 [M]. 北京：中国农业出版社，2011.

[6] 郭巧生 . 药用植物栽培学 [M]. 北京：高等教育出版社，2004.

图书购买或征订方式

关注官方微信和微博可有机会获得免费赠书

淘宝店购买方式：

直接搜索淘宝店名：**科学技术文献出版社**

微信购买方式：

直接搜索微信公众号：**科学技术文献出版社**

重点书书讯可关注官方微博：

微博名称：**科学技术文献出版社**

电话邮购方式：

联系人：王　静

电话：010-58882873，13811210803

邮箱：3081881659@qq.com

QQ：3081881659

汇款方式：

户　名：科学技术文献出版社

开户行：工行公主坟支行

帐　号：0200004609014463033